丛书主编 谭浩强

高等院校计算机应用技术规划教材

实 训 教 材 系 列

Access数据库技术
实训教程

张玲 刘玉玫 编著

清华大学出版社
北京

内 容 简 介

本书是针对应用类本科、高职高专学生编写的 Access 数据库技术实用教程。本书包括数据库基础、Access 基本操作、数据库的创建、表的设计与创建、对表的操作、创建查询、窗体和报表的设计、数据访问页、宏和模块等内容。

本书通过一个书店管理的数据库实例，以图文并茂的方式介绍 Access 数据库的使用方法，不仅在 Access 数据库的介绍过程中以具体的实例贯穿始终，而且在每部分都配有操作实例，使学生能够通过本书的学习快速掌握使用 Access 数据库的方法。本书可作为应用类本科和高职高专的 Access 数据库课程的教材，也可作为各类培训班和计算机爱好者的自学教材。

图书在版编目（CIP）数据

Access 数据库技术实训教程/张玲，刘玉玫编著. —北京：清华大学出版社，2008.3
（高等院校计算机应用技术规划教材·实训教材系列）
ISBN 978-7-302-16463-0

Ⅰ. A…　Ⅱ. ①张… ②刘…　Ⅲ. 关系数据库－数据库管理系统，Access－高等学校－教材　Ⅳ. TP311.138

中国版本图书馆 CIP 数据核字（2007）第 176865 号

责任编辑：谢　琛　李　晔
责任校对：时翠兰
责任印制：何　芊

出版发行：	清华大学出版社	地　　址：	北京清华大学学研大厦 A 座
	http://www.tup.com.cn	邮　　编：	100084
	c-service@tup.tsinghua.edu.cn		
社 总 机：	010-62770175	邮购热线：	010-62786544
投稿咨询：	010-62772015	客户服务：	010-62776969

印　刷　者：北京国马印刷厂
装　订　者：三河市溧源装订厂
经　　销：全国新华书店

开　本：	185×260	印　张：	14.25	字　数：	327 千字
版　次：	2008 年 3 月第 1 版			印　次：	2008 年 3 月第 1 次印刷
印　数：	1～5000				
定　价：	22.00 元				

《高等院校计算机应用技术规划教材》

进入21世纪,计算机成为人类常用的现代工具,每一个有文化的人都应当了解计算机,学会使用计算机来处理各种的事务。

学习计算机知识有两种不同的方法:一种是侧重理论知识的学习,从原理入手,注重理论和概念;另一种是侧重于应用的学习,从实际入手,注重掌握其应用的方法和技能。不同的人应根据其具体情况选择不同的学习方法。对多数人来说,计算机是作为一种工具来使用的,应当以应用为目的、以应用为出发点。对于应用性人才来说,显然应当采用后一种学习方法,根据当前和今后的需要,选择学习的内容,围绕应用进行学习。

学习计算机应用知识,并不排斥学习必要的基础理论知识,要处理好这二者的关系。在学习过程中,有两种不同的学习模式:一种是金字塔模型,亦称为建筑模型,强调基础宽厚,先系统学习理论知识,打好基础以后再联系实际应用;另一种是生物模型,植物并不是先长好树根再长树干,长好树干才长树冠,而是树根、树干和树冠同步生长的。对计算机应用性人才教育来说,应该采用生物模型,随着应用的发展,不断学习和扩展有关的理论知识,而不是孤立地、无目的地学习理论知识。

传统的理论课程采用以下的三部曲:提出概念—解释概念—举例说明,这适合前面第一种侧重知识的学习方法。对于侧重应用的学习者,我们提倡新的三部曲:提出问题—解决问题—归纳分析。传统的方法是:先理论后实际,先抽象后具体,先一般后个别。我们采用的方法是:从实际到理论,从具体到抽象,从个别到一般,从零散到系统。实践证明这种方法是行之有效的,减少了初学者在学习上的困难。这种教学方法更适合于应用型人才。

检查学习好坏的标准,不是"知道不知道",而是"会用不会用",学习的目的主要在于应用。因此希望读者一定要重视实践环节,多上机练习,千万不要满足于"上课能听懂、教材能看懂"。有些问题,别人讲半天也不明白,自己一上机就清楚了。教材中有些实践性比较强的内容,不一定在课堂上由老师讲授,而可以指定学生通过上机掌握这些内容。这样做可以培养学生的自学能力,启发学生的求知欲望。

全国高等院校计算机基础教育研究会历来倡导计算机基础教育必须坚持

面向应用的正确方向,要求构建以应用为中心的课程体系,大力推广新的教学三部曲,这是十分重要的指导思想,这些思想在《中国高等院校计算机基础课程 2006》中作了充分的说明。本丛书完全符合并积极贯彻全国高等院校计算机基础教育研究会的指导思想。

这套《高等院校计算机应用技术规划教材》是根据广大应用型本科和高职高专院校的迫切需要而精心组织的,其中包括 3 个系列:

(1)应用型教材系列。适用于培养应用性人才的本科院校和基础较好、要求较高的高职高专学校。

(2)高职高专教材系列。面向广大高职高专院校。

(3)实训教材系列。应用型本科院校和高职高专院校都可以选用这类实训教材。其特点是侧重实践环节,通过实践(而不是通过理论讲授)去获取知识,掌握应用。这是教学改革的一个重要方面。

本套教材是从 1999 年开始出版的,根据教学的需要和读者的意见,几年来多次修改完善,选题不断扩展,内容日益丰富,先后出版了 60 多种教材和参考书,范围包括计算机专业和非计算机专业的教材和参考书;必修课教材、选修课教材和自学参考的教材。不同专业可以从中选择所需要的部分。

为了保证教材的质量,我们遴选了有丰富教学经验的高校优秀教师分别作为本丛书各教材的作者,这些老师长期从事计算机的教学工作,对应用型的教学特点有较多的研究和实践经验。由于指导思想明确、作者水平较高,教材针对性强,质量较高,本丛书问世 7 年来,愈来愈得到各校师生的欢迎和好评,至今已发行了 240 多万册,是国内应用型高校的主流教材之一。2006 年被教育部评为普通高等教育"十一五"国家级规划教材,向全国推荐。

由于我国的计算机应用技术教育正在蓬勃发展,许多问题有待深入讨论,新的经验也会层出不穷,我们会根据需要不断丰富本丛书的内容,扩充丛书的选题,以满足各校教学的需要。

本丛书肯定会有不足之处,请专家和读者不吝指正。

全国高等院校计算机基础教育研究会会长　**谭浩强**
《高等院校计算机应用技术规划教材》主编

2006 年 10 月 1 日于北京清华园

前言

Microsoft Access 是 Microsoft Office 办公套装软件中专门用于桌面数据库管理的一个软件。作为一个功能强大的数据库管理系统,Microsoft Access 可作为单机或小型网络系统的数据库管理软件,也可以作为对象网络系统中的前端应用程序。Access 作为 SQL Server 前端机的方案,在电子商务领域具有良好的应用前景。

本书以一个书店管理的实用数据库为例,系统地介绍了使用 Access 进行数据库管理的实现方法。本书内容包括以下 8 章:

- 第 1 章"Access 基本操作",介绍有关数据库的基本概念、Access 的窗口基本操作和设置、新建数据库的方法。
- 第 2 章"数据表",介绍如何创建数据表结构、数据表属性的设置、数据表的建立、数据表的导入和导出、数据表的操作。
- 第 3 章"查询",介绍关系的建立,使用向导创建选择查询,使用设计视图创建各种条件查询,进行计算,使用函数。
- 第 4 章"高级查询",介绍创建参数和交叉查询、操作查询、SQL 查询和数据透视图表。
- 第 5 章"窗体",介绍自动创建窗体,使用向导创建窗体,在设计视图中创建和修改窗体,创建自定义窗体。
- 第 6 章"报表",介绍自动创建报表,使用向导创建报表,在设计视图中修改报表,手工创建报表及汇总。
- 第 7 章"数据访问页",介绍数据访问页的创建和修改。
- 第 8 章"宏与模块",介绍宏的创建方法、数据库菜单的创建、模块基本知识以及宏转换为模块的方法。

本书为每部分内容都配有一系列的操作实例和操作练习,以图文并茂的方式介绍如何使用 Access 对数据库进行管理。使读者不仅能够轻松学会 Access 的有关知识,而且能够掌握 Access 的应用。为了进一步巩固所学知识,每章还配有相应的练习题,包括填空题、选择题和操作题。

参加本书编写的人员有张玲、刘玉玫、潘爱先、王天静、孟传、孙琪、范玉涛、孟丽萍、张玉平等。

由于作者水平有限,时间仓促,书中难免有疏漏之处,恳请广大读者批评指正。

作 者

2007 年 9 月

目 录

第1章

Access 基本操作

伴随着从工业社会走向信息化社会,带来的是爆炸性的数据扩张。人们不得不与各种信息打交道。因此,社会的各种工作越来越离不开数据管理。而将数据信息通过各种各样的数据库进行管理,可以极大地提高工作效率。

1.1 数据库基础知识

数据库就是存储在一台或多台计算机上信息的集合。今天,人们在生活和学习中会遇到很多种数据库,例如,光盘百科全书、电子邮件的通讯簿、通过 Internet 访问计算机等级考试站点等。

1.1.1 数据库的分类

数据库可以分为两种:结构化数据库和非结构化数据库。

结构化数据库是指使用统一格式的记录和域来组织信息的文件。如图 1.1 所示的图书卡就是一种结构化数据库。

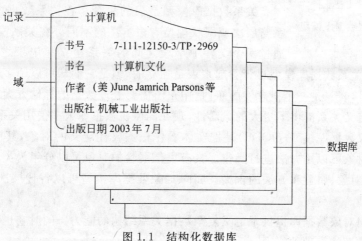

图 1.1　结构化数据库

非结构化数据库是信息的松散组合,一般是按照文档而不是记录来存储的,例如,使用 Word 创建的用户文档。还有万维网,在世界范围内存储了无数的各种各样的文档,它也是一种非结构化的数据库。非结构化数据库能够存储各种各样的信息。

1.1.2 数据库模型

有 4 种主要的数据库模型,即层次数据库模型、网状数据库模型、关系数据库模型和面向对象数据库模型。

层次数据库模型是最简单的数据库模型,即将记录类型排列成层次结构。在层次数据库中,记录类型称为结点或"段"。层次结构的最顶级的结点称为根结点。结点层次结构是倒放的树型结构。父结点可以有多个子结点。而子结点只能有一个父结点。父结点与子结点的关系必须是一对多的关系,如图 1.2 所示。

图 1.2　层次数据库模型

如果数据之间关系简单,并且数据访问可以预测时,层次数据库是最高效的。

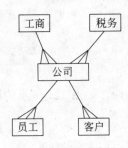

图 1.3　网状数据库模型

网状数据库模型与层次数据库模型都允许实体之间存在一对多的关系,即一个父结点允许有多个子结点,但是层次数据库的一个结点只能有一个父结点,而网状数据库模型允许一个子结点有多于一个的父结点存在,如图 1.3 所示。

网状数据库模型可以提供定义实体间关系的更大灵活性。但是有些现实数据关系不能使用这些模型来进行等价的定义。

关系数据库模型是表的集合。在关系数据库中定义的关系与层次或网状模型有根本性的不同。在关系模型中,记录是通过两个文件中字段之间的关系建立起记录之间的关系,如图 1.4 所示。关系数据库模型尽管看起来表是独立的,但是它们却可以用多种灵活的方式相关联。而且,表只是一个概念性的东西,用户不需要处理数据的存储方案。由于关系数据库模型为定义关系提供了更大的灵活性,现在的微机数据库大多使用关系数据库模型。

面向对象数据库模型(OODB)是把实体看作根据属性定义的对象,其中属性等价于数据字段。对象可以用方法进行操作。具有类似属性的对象可以分组为类。可以使用类比来解释类、对象、属性和方法的含义。面向对象数据库模型可以替代层次模型、网状模型和关系模型。

使用面向对象数据库提供了定义复杂数据关系结构的能力。同时它也提供了灵活创建单个数据类型的变种的能力。

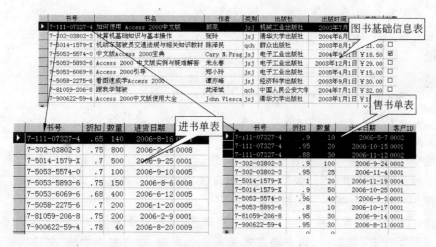

图 1.4　关系数据库模型

过去,大型机数据库通常使用层次或网状数据库。20世纪80年代,由于大部分微机数据库管理软件支持关系数据模型,公司和个人在微机上使用的数据库大多是关系模型,关系数据库逐渐流行起来。现在,在大型机和微机平台上,面向对象数据库越来越流行。

1.1.3　关系数据库的基本概念

关系数据库采用关系模型作为数据的组织方式。由于目前微机广泛使用关系数据库,因此,有必要了解关系数据库的有关概念。

一个关系的逻辑结构是一张二维表。以二维表的形式表示实体和实体之间联系的数据模型称为关系数据模型。参见如图1.5所示的二维表来理解关系数据库的有关概念。

所有的记录形成一个表　　每个字段中有一个名称来标识它的内容　　字段是信息中最小的有意义的单元

书号	书名	作者	出版社	单价	类别	光盘	备注
7-104-02318-6	假如给我三天光明	夏志强编译	中国戏剧出版社	￥16.80	qt		海伦·凯特自传
7-111-07327-4	如何使用 Access 2000 中文版	郭亮	机械工业出版社	￥50.00	jsj		
7-113-05431-5	Access 数据库应用技术	李雁翎等	中国铁道出版社	￥23.00	jsj		源海雁主编
7-302-03802-3	计算机基础知识与基本操作	张玲	清华大学出版社	￥19.50	jsj		源海雁主编
7-302-10239-6	Access 数据库设计开发和部署	Peter Elie Seman	清华大学出版社	￥68.00	jsj	√	天宏工作室译
7-5014-1579-X	机动车驾驶员交通法规与相关知识教材	陈泽民	群众出版社	￥21.00	qt		
7-5053-5574-0	中文版 Access 2000 宝典	Cary N.Prague	电子工业出版社	￥18.50	jsj	√	
7-5053-5893-6	Access 2000 中文版实例与疑难解答	朱永春	电子工业出版社	￥29.00	jsj		
7-5053-6069-6	Access 2000 引导	郑小玲	电子工业出版社	￥15.00	jsj		
7-5058-2275-6	看图速成学 Access 2000	谭亦峰	经济科学出版社	￥30.00	jsj		源海雁主编
7-5077-1942-1	轻松作文	李龙文	学苑出版社	￥39.80	qt		
7-5360-3359-1	昆虫记	梁守锵译	花城出版社	￥138.00	qt		共10卷
7-5407-3008-0	朱自清散文精选	朱自清	漓江出版社	￥9.90	qt		
7-81059-206-8	跟我学驾驶	武泽斌	中国人民公安大学出版社	￥32.00	qt		
7-900622-59-4	Access 2000 中文版使用大全	John Viescas	清华大学出版社	￥18.00	jsj	√	

记录

字段中包括的数据称为数据项

图 1.5　二维表

表：又称为关系，是一张二维表，每个关系有一个关系名。在 Access 中，一个关系就是一个表对象，如"图书基本信息"表。

字段：又称为属性，是二维表中垂直方向的列。如"书名"字段。

记录：又称为元组，是二维表中水平方向的行，如第 1 条记录。

域：一个字段的取值范围，如在职职工年龄的域为 18～60。

值：记录中某个字段的值，又称为元组的一个分量，如书名字段的值为"Access 数据库设计基础"。

关键字（又称为码）：二维表中的某个属性，若它的值唯一地标识了一个记录，则称为该属性为候选码，如"书号"。如若一个关系有多个候选码，则选定其中的一个为主码，这个属性称为主属性，也叫作主关键字。

外键：设 F 是基本关系 R 的一个或一组属性，但不是关系 R 的候选码，如果 F 与基本关系 S 的主键 Ks 相对应，则 F 是基本关系 R 的外键，如进书表中的"书号"。

1.1.4 数据库软件

目前常用的数据库软件可分为两类：服务器型数据库和桌面型数据库。

服务器型数据库又称为"后端"。这类软件常见的有 SQL Server、Oracle、Sybase 和 MySQL 等。服务器型数据库的主要功能是拥有强大的数据库引擎，例如，查询机票、航班信息等。服务器型数据库可同时应付大量要求的作业，且可保存至少百万笔以上的记录，并且不会因为记录笔数的增加而影响访问效率。这类数据库必须具有高度的数据安全性。数据安全包括敏感数据的不可外泄及容错。服务器型数据库的重点还包括定期备份数据，以及不同数据的转换。

桌面型数据库的功能包括定义记录类型、输入和编辑记录、排序和搜索记录、定义和打印报表以及定义记录类型中的关系，以便同时操作多个文件。

这类数据库可以管理诸如书籍、学籍一类的数据。例如，某书店将曾经进过的书籍作为图书基本信息的数据，每次进书和售书的书籍的有关数据也进行记录。于是，通过这些数据就可以非常方便地计算出应付给供应商的金额、库存以及销售金额等。

目前，在微机上最流行的桌面数据库软件是 Microsoft Access 数据库管理系统、Visual FoxPro 等。

1.2 关系数据库应用程序的设计

当数据库中的每条记录包含的信息都关联且只关联到单独的某一个主题时，就可以使用关系数据库管理系统（RDBMS）对其进行高效的管理。关系型数据库是目前最流行的数据库系统。Access 是目前流行的桌面关系数据库管理软件。

创建关系数据库应用程序之前，必须要进行规划，即明确任务和操作，否则就要不断地修改数据库，或者重建数据库。

本书以某书店使用 Access 数据库软件进行图书和人员管理为例，介绍如何进行此类数据库的设计和管理。

根据设计任务和获取的数据信息,首先要决定数据表的构成,包括每张数据表的字段及其属性。

设计数据表要遵循的原则如下:

- 表中每个字段的数据类型必须相同,如姓名字段的数据类型都是文本类型。
- 消除数据冗余。例如,如果在每个进书和售书数据表记录中都包括书籍的书号、书名、作者、出版社、单价等字段信息,如多次出现有关的信息,会占据更多的存储空间。可以将图书有关的信息放在一种独立的图书基本信息表中,然后通过书号将图书基本信息和进书数据表以及售书数据表联系起来。
- 可以对每个字段定义相应的属性,如字段的大小、数据的格式、有效性规则等。
- 定义为主键的字段必须能够唯一地识别表中的记录。例如,在图书基本信息数据表中,任意一个书号只能出现一次,即每本书只记录一次。而在进书数据表中,可能某本书进了 3 次,即相同的书号在进书表中出现了 3 次,故在进书数据表中不能将书号作为主键。

确定的数据表及其包含的字段及数据类型如表 1.1～表 1.5 所示。

表 1.1 图书基本信息数据表

字段名	数据类型	说　　明
书号	文本	唯一识别每条记录,定义为主键。限制为 13 个字符
书名	文本	全部书名
作者	文本	记录编者名字,不包括主编,在备注字段输入主编
出版社	文本	出版社的全名
单价	货币	用¥表示的数字
类别	文本	用拼音缩写表示,如计算机类别的为 jsj,其他类别的为 qt
光盘	是/否	带光盘的书标记为"是",否则标记为"否"
备注	备注	记录主编名字或书籍的内容简介

表 1.2 进书数据表

字段名	数据类型	说　　明
编号	自动编号	定义为主键
书号	文本	不能唯一识别每条记录,不可定义主键
折扣	数字	保留 3 位小数,不超过 1
数量	数字	正整数,超过 100 提示
进书日期	日期/时间	用＊＊＊＊-＊＊-＊＊格式,如 2006-7-25
供应商	文本	使用供应商编号,限制为 3 位
进书人	文本	使用职工编号,限制为 3 位

表 1.3 售书数据表

字段名	数据类型	说　明
编号	自动编号	定义为主键
书号	文本	不能唯一识别每条记录,不可定义主键
折扣	数字	保留 3 位小数,不能小于 0.5 且不超过 1
数量	数字	正整数
售书日期	日期/时间	用 ****-**-** 格式,如 2006-7-25
售书人	文本	使用职工编号,限制为 3 位

表 1.4 供应商信息表

字段名	数据类型	说　明
供应商编号	文本	3 个字符,定义为主键
供应商名称	文本	不能唯一识别每条记录,不可定义主键
联系人姓名	文本	最多 8 个字符
地址	文本	详细地址
邮政编码	文本	6 个字符
电话号码	文本	包括区号 12 位
传真号码	文本	包括区号 12 位
附注	备注	记录附加信息

表 1.5 职工信息表

字段名	数据类型	说　明
职工编号	文本	3 个字符,唯一识别记录,定义为主键
姓名	文本	最多 4 个汉字
性别	文本	男或女,默认值为"男"
出生日期	日期/时间	用 ****-**-** 格式显示,限制出生日期在 1950 年—2000 年
参加工作时间	日期/时间	进本书店的时间,用 ****-**-** 格式显示,限制参加工作时间在 2000 年—2020 年
基本工资	数字	保留 2 位小数,限制不超过 2000
职务	文本	分为总经理、项目经理、管理人员、采购人员、销售人员
办公电话	文本	办公场所电话限制为 4 位
手机号码	文本	手机号码限制为 11 位
照片	OLE 对象	插入职工的一寸标准照片
简历	超链接	链接到简历文件夹中每个记录对应的简历文件

这些表之间的关系如图 1.6 所示。其中箭头指向表示一对多的关系。

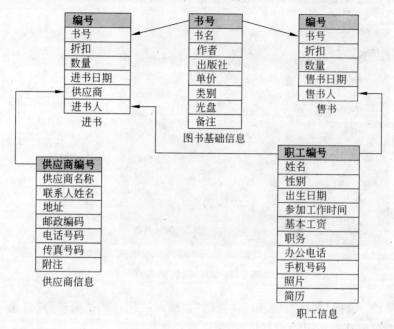

图 1.6　表之间的关系

有了上面确定的数据表结构和表之间的关系，就可以使用 Access 创建数据库了。首先根据上面的表创建表的结构，输入每条记录后，完成数据表的创建。在创建表之间的关系后，就可以创建各种查询表和报表了。另外，还可以将数据表创建为窗体供用户浏览和数据的输入。还可以通过窗体将各种数据表、查询表、报表等连接起来，以方便用户的操作。

1.3　Access 基本操作

在 Access 数据库中包含 7 种数据库对象，即表、查询、窗体、报表、页、宏和模块。另外，Access 提供了 Office 助手、向导、表生成器、窗体设计器、数据访问页生成器和报表专家等一系列工具，以方便用户操作。同时 Access 数据库支持 XML 语言并可以和其他软件（比如 Microsoft SQL Server 和 Microsoft Excel）进行整合，这都使得它成为了一种十分经济实惠的数据库应用系统的解决方案。

1.3.1　启动 Access

单击"开始"→"程序"→"Microsoft Office Access 2003"命令，打开图 1.7 所示的 Access 窗口。

在图 1.7 所示的 Access 启动窗口中包括如下内容。

• 标题栏：显示当前应用程序的名称，即 Microsoft Access。

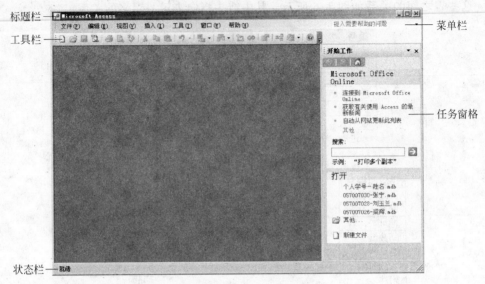

图 1.7　Access 启动窗口

- 菜单栏：包括"文件"、"编辑"、"视图"、"插入"、"工具"、"窗口"、"帮助"主菜单,每个主菜单都有相应的子菜单,用来完成具体的功能。
- 工具栏：由常用操作的工具按钮组成,用于方便处理不同的操作任务。
- 状态栏：显示当前状态和帮助信息。
- 任务窗格：提供打开、新建数据库等链接方式操作。

Access 提供了两种创建数据库的方法:直接创建空数据库和使用模板向导创建数据库。前者是根据自己的需要先建立空数据库,然后再添加相关的表等内容,用这种方法设计数据库比较灵活,但需要用户事前进行很好的规划设计。后者是利用 Access 提供的数据库模板,根据向导提示,完成数据库以及表、窗体等内容的创建。这种方法适用于用户的数据库与模板的数据库内容有很多相似之处的情况下。

1.3.2　新建空数据库

在如图 1.7 所示的 Access 启动窗口中,在任务窗格中单击"新建文件",进入如图 1.8 所示的"新建文件"任务窗格。

在该任务窗格中选择"空数据库"选项,在弹出的对话框中选择数据库保存的位置和名称后,就可以创建一个新的数据库。

【操作实例 1】　创建新数据库

目标：在个人文件夹中创建一个新的空数据库"书店管理"。

(1) 在如图 1.8 所示的 Access 窗口的任务窗格中,选择"空数据库"选项后,打开"文件新建数据库"对话框。

图 1.8　"新建文件"任务窗格

（2）在对话框中设置数据库保存的位置（如 D 盘的个人文件夹）和名称（如书店管理），如图 1.9 所示。

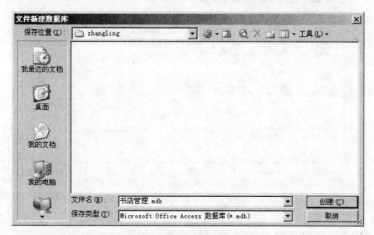

图 1.9　新建数据库对话框

（3）单击"创建"按钮，在 Access 窗口中打开如图 1.10 所示的"书店管理：数据库"窗口。

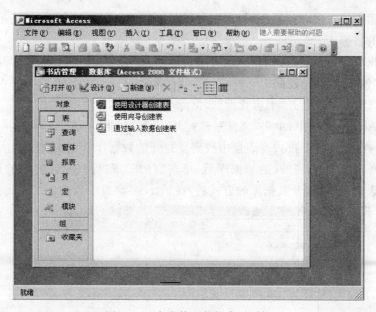

图 1.10　书店管理数据库对话框

（4）单击窗口的"关闭"按钮，关闭数据库。

在如图 1.10 所示的数据库窗口中，包括表、查询、窗体、报表、页、宏和模块 7 个对象。它们分别用来管理和创建相应的对象。

在 Access 数据库中，将数据表、查询表、报表等称为对象。要实现数据库管理工作，首先要创建数据表，在数据表的基础上生成查询表、报表等。

另外，在如图 1.8 所示的任务窗格中，单击"本机上的模板"选项，在打开的如图 1.11

所示的"模板"对话框中选择一个模板,根据向导的提示操作可以快速创建一个数据库。

图 1.11 "模板"对话框

【操作练习 1】 使用订单模板创建一个有关订单管理的数据库。

1.3.3 打开数据库

打开数据库的方法包括使用"打开"对话框打开数据库和使用"文件"菜单中的命令打开最近使用的数据库。

打开数据库时,可以选择以指定的方式(打开、独占、只读、独占只读)打开数据库。

【操作实例 2】 打开数据库

目标: 以独占方式打开"书店管理"数据库。

(1) 在 Access 窗口中,单击"文件"→"打开"命令,弹出"打开"对话框。

(2) 在"查找范围"下拉式列表框中找到要打开的数据库所在的文件夹。

(3) 在列表中选择要打开的数据库后,单击"打开"下拉按钮,在弹出的如图 1.12 所示的下拉列表中,选择打开数据库的方式后,在 Access 窗口中以相应的方式打开数据库。

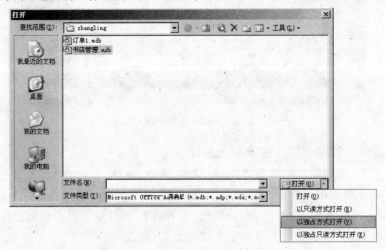

图 1.12 "打开"对话框

另外，单击"文件"菜单，在菜单的下端也会看到最近使用过的文件列表，单击要打开的文件即可。

【操作练习 2】 以只读方式打开"书店管理"数据库。

1.3.4 帮助的使用

启动 Access 后，如果需要某些帮助，可以通过"帮助"菜单中的各选项获得帮助。

- 使用标准帮助：单击"帮助"→"Microsoft Office Access 帮助"命令，或按 F1 功能键，显示如图 1.13 所示的帮助窗格。在该窗格中可以根据目录或关键字查找帮助信息。
- 使用 Office 助手：单击"帮助"→"显示 Office 助手"命令，显示帮助助手，单击助手可以显示如图 1.14 所示的帮助搜索窗口。在搜索窗口输入搜索信息的关键字即可。

【操作实例 3】 获取帮助

目标：查找有关字段数据类型的帮助信息。

（1）在 Access 窗口中，单击"文件"→"Microsoft Office Access 帮助"命令，弹出"Access 帮助"任务窗格。

（2）单击"目录"选项，显示如图 1.15 所示的目录帮助窗格。

图 1.13 "帮助"窗格　　　　图 1.14 帮助助手　　　　图 1.15 帮助目录窗格

（3）根据目录提示，展开需要的主题，直到找到需要的帮助主题。

（4）单击帮助主题"关于数据类型与字段大小"，如图 1.16 所示，打开如图 1.17 所示的帮助窗口。

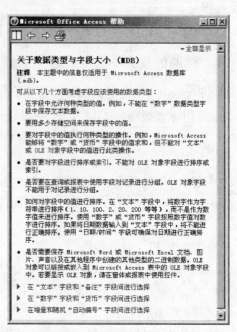

图 1.16　展开帮助目录　　　　　　　　图 1.17　获取的帮助信息窗口

【操作练习 3】　使用助手搜索"字段数据类型"帮助信息。

1.3.5　Access 环境设置

在 Access 窗口中,当新建或打开了一个数据库后,单击"工具"→"选项"命令,在打开的如图 1.18 所示的"选项"对话框中可以对系统进行个性化设置。

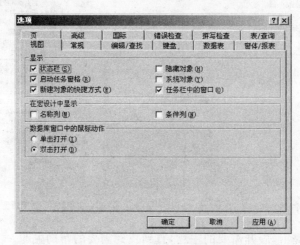

图 1.18　"选项"对话框的"视图"选项卡

提示:需要通过"选项"菜单进行系统设置时,必须先打开或新建数据库,否则该菜单

项为灰色,表示不可用。其中,

- 视图:在其中可以设置窗口显示的元素等。
- 常规:可以设置诸如"默认数据库文件夹"、"最近使用的文件列表"等选项。
- 高级:可以选择"默认的文件格式"、"默认打开模式"等。根据用户需要可选择设置 Access 2002/2003 或 Access 2000 文件格式。二者在外表上没有差别,Access 2002/2003 文件格式主要引入了 MDB 格式,使得 OLE 的存储更加灵活,同时用户可以创建 MDE 文件。
- 表/查询:可以设置默认的字段类型、字段的大小。
- 数据表:可以设置数据表默认的颜色、字体、网格线等。

另外,在"选项"对话框的其他选项卡中,还可以设置其他默认的显示和操作方式。

【操作实例 4】 设置 Access

目标:设置打开文件的默认路径为个人文件夹;默认的文件格式为 Access2000;默认的字段文本长度为 20。

(1) 在 Access 窗口中,单击"工具"→"选项"命令,弹出"选项"对话框。

(2) 选择"常规"选项卡,在"默认数据库文件夹"文本框中输入个人文件夹路径,如图 1.19 所示。

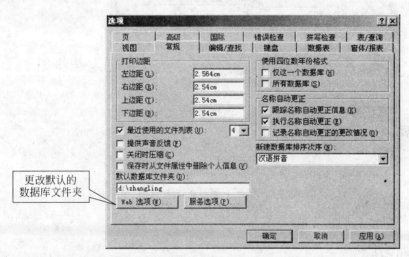

图 1.19 "选项"对话框的"常规"选项卡

(3) 选择"高级"选项卡,在"默认文件格式"下拉列表框中选择"Access 2000",如图 1.20 所示。

(4) 选择"表/查询"选项卡,在"默认字段大小"区的"文本"框中输入 20,将"数字"更改为"整型",如图 1.21 所示。

(5) 单击"确定"按钮,完成设置。

【操作练习 4】 设置数据表的文字为宋体、10 号字。

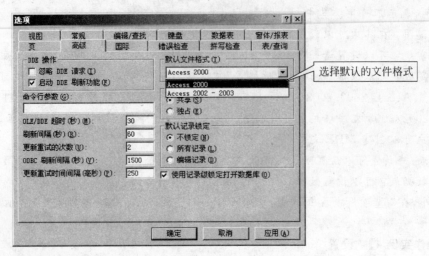

图 1.20 "选项"对话框的"高级"选项卡

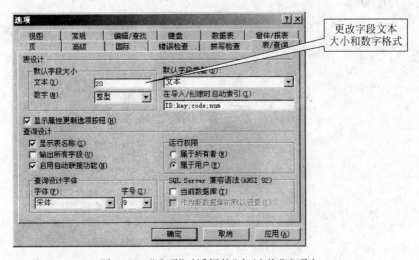

图 1.21 "选项"对话框的"表/查询"选项卡

1.4 练习题

1.4.1 填空题

1. 数据库可分为_____和_____两种。

2. _____是信息中最小的、最有意义的单元。

3. 最简单的数据库模型是_____模型。

4. Access 的对象包括_____、_____、_____、_____、_____和_____。

5. Access 提供了_____创建数据库的方法。

6. Access 数据库文件扩展名为_____。

7. 要使数据库的文件格式为 2002/2003，必须在_____对话框中进行设置。

1.4.2 选择题

1. 下面哪个是非结构化数据库_____。
   A. Word 文档　　　　B. 学籍表　　　　C. 通讯簿　　　　D. 以上都是
2. 表示二维表中的行的数据库术语是_____。
   A. 数据表　　　　B. 记录　　　　C. 域　　　　D. 属性
3. 表示二维表中的列的数据库术语是_____。
   A. 数据表　　　　B. 域　　　　C. 记录　　　　D. 字段
4. 可以作为关键字的字段，其中的信息必须_____。
   A. 不为空　　　　B. 不能重复　　　　C. 是记录　　　　D. 是字段
5. 目前成为数据库主流的数据库模型是_____。
   A. 层次模型　　　　B. 网状模型　　　　C. 关系模型　　　　D. 面向对象模型
6. 目前流行的桌面数据库管理软件是_____。
   A. Access　　　　B. SQL Server　　　　C. Dbase　　　　D. Foxbase
7. 目前流行的服务器数据库管理软件是_____。
   A. Access　　　　B. SQL Server　　　　C. Dbase　　　　D. Foxbase
8. 数据库管理软件最主要的任务是_____。
   A. 生成报表　　　　B. 信息检索　　　　C. 更新数据　　　　D. 以上都包括
9. 要使打开的数据库不能被修改，必须以_____方式打开数据库。
   A. 独占　　　　B. 打开　　　　C. 只读　　　　D. 独占只读
10. 要设置数据表的默认字体，必须在_____对话框中进行。
    A. 工具　　　　B. 格式　　　　C. 选项　　　　D. 宏

1.4.3 实践题

1. 创建一个"学生管理系统"数据库，将其保存在 D 盘的个人文件夹中。
2. 以独占的方式打开"学生管理系统"数据库。
3. 设置将用户的个人文件夹作为默认的数据库文件位置。
4. 使用帮助功能查找有关字段属性设置的帮助信息。

第2章

数据表

新建空白的数据库后,还要在数据库中添加数据表。创建数据表时,首先要确定数据表由哪些字段组成,以及字段对应的数据类型及属性。这相当于手工制表时首先要确定表头的内容,我们称其为表结构。创建了数据表结构后,在数据表结构的基础上输入数据记录,就会创建一个数据表。有了数据表,就可以对数据表进行排序、筛选等操作。

2.1　创建数据表

在 Access 中,可以使用 4 种方法创建数据表:使用设计器创建表、使用向导创建表、通过输入数据创建表、导入其他数据库或程序中的数据表。

在创建表对象时,Access 提供了两种视图方式:设计视图和数据表视图。通常创建表结构需要在设计视图中创建,输入数据记录需要在数据表视图中进行。

2.1.1　表设计器

要创建非通用的数据表,在数据库表对象中双击"使用设计器创建表"选项,然后在打开的如图 2.1 所示的表设计器中,手工创建所需的表结构。

为了创建表结构,需要在如图 2.1 所示的设计视图窗口中输入关于数据表每列对应的字段名称、数据类型及说明信息等。

在设计视图的表结构窗口中,上半部用来输入字段名、字段的数据类型以及字段的说明。为某个字段选择数据类型后,可以在左下半部的字段属性区域设定字段的属性,而右下半部的信息区域将显示有关字段或属性的说明信息。

创建表结构时,对数据表中的每个字段都要选择最合适的数据类型。因为数据的类型将影响后来对字段所能进行的操作。例如,文本型的字段将不能参加运算、建立索引等操作。

Access 支持 10 种数据类型,它们是文本、备注、数字、日期/时间、货币、自动编号、是/否、OLE 对象、超级链接和查询向导。每种数据类型都有一个特定的用途,这些数据类型说明参见表 2.1。

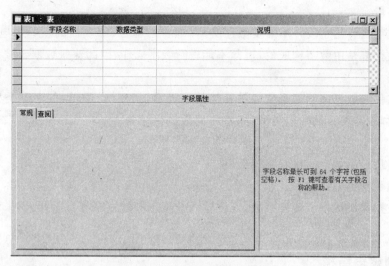

图 2.1 创建表结构的设计视图窗口

表 2.1 数据类型说明

数据类型	英文名称	用　　法	大　　小
文本	Text	包含文字和数字	最多 255 个字符
备注	Memo	包含某种格式的长字符串	最多 64 000 个字符
数字	Number	数字	1B、2B、4B、8B
日期/时间	Date/Time	日期和时间格式的数据	8B
货币	Currency	货币数据,精度为 4 个小数位	8B
自动编号	AutoNumber	为每个新记录创建加 1 的值	4B
是/否	Yes/No	布尔型(真/假)数据	1B
OLE 对象	OLE Object	来自其他 Windows 应用程序的图片、图形等对象	可达 1GB
超级链接	Hyperlink	一个链接到其他文档或文件的链接地址	最多 2048B
查询向导	Lookup Wizard	允许使用另一个表中某个字段的值来定义此字段的值	4B

2.1.2 数据类型

输入到字段中的数据依赖于字段的数据类型。从技术的角度来说,数据类型决定了数据在磁盘和内存中表示的方式;从用户的角度来说,数据类型决定了操作数据的方式。文件中的每个字段都分配了一个数据类型。最常用的数据类型是文本和数字。

文本数据类型的字段包含可以进行加、减、乘、除等运算的数字。例如,"单价"字段就是一个数字类型的字段。数字数据类型主要包括整数和实数。实数包括小数点。

文本数据类型的字段包括字母、汉字,以及不需要进行数学操作的数据,例如"书号"、

"书名"等字段。

有些数字内容的字段并不需要数字类型,如身份证号、邮政编码、学号、电话号码等,虽然这些数据都是由数字构成的,但却不能进行数字操作,因此这些数据也被存储为字符类型的数据。

有些文件和数据库管理系统提供其他数据类型,如日期、逻辑、备注等类型。当需要操作日期时,就需要日期数据类型,如将日期数据存储为 05/08/25,显示为"2005 年 8 月 25 日"。如"参加工作时间"字段就是日期数据类型。

当需要用最小的空间存储"真/假"或"是/否"时,可使用逻辑数据类型。如"光盘"字段就是逻辑数据类型。

备注数据类型提供了变长字段,以便输入长度不等的注释等。例如,用来输入职工简历的字段。

2.1.3 创建表结构

在表结构设计视图中可以创建表结构的各字段。如果要修改表结构,如添加或删除字段、修改字段的属性等,只能在表结构设计视图中进行。在修改表结构时,首先要定位插入点。

- 如果要插入字段,单击工具栏上的"插入行"按钮 ;或者单击"插入"→"行"命令。
- 如果要删除字段,单击工具栏上的"删除行"按钮 ;或者单击"编辑"→"删除"命令,这时会提示删除信息,确认即可。

完成表结构的修改后,一定要保存。

【操作实例 1】 使用设计器创建数据表结构

目标:通过设计器创建如表 1.5 所示的名称为"职工信息"的数据表结构。

(1) 在"书店管理"数据库的表对象中,双击其中的"使用设计器创建表"选项,打开如图 2.1 所示的创建表结构的设计窗口。

(2) 在"字段名称"列的第一行的单元格中,输入数据表第 1 列字段的名称,如"职工编号"。

(3) 按 Tab 键,或单击,使插入点移到"数据类型"对应的单元格中,这时,该单元格右侧将出现一个下拉按钮。

(4) 单击下拉按钮或者按 Alt＋↓ 组合键,弹出数据类型下拉列表框,如图 2.2 所示。可以在列表框中选择该字段对应的数据类型,也可以直接在数据类型单元格中输入一个有效值,如"文本"。

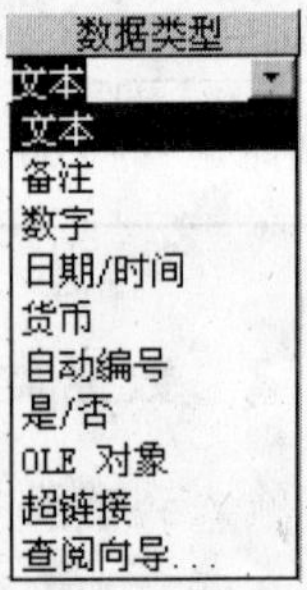

(5) 按 Tab 键,将插入点移到"说明"单元格中,在该单元格中输入一个对该字段说明性的文字,如"唯一职工的识别记录,定义为主键"。注意,该部分的内容可根据需要是否输入。在数据表视图窗口以及窗体视图窗口中,选中带有说明信息的字段时,这些说明信息会显示在状态栏上。

图 2.2 数据类型

（6）用同样的方法输入其他字段的名称、类型和说明等，如图 2.3 所示。

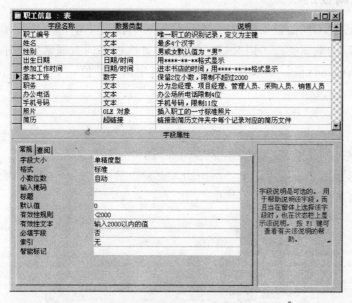

图 2.3　创建表结构的各字段

（7）为使"职工编号"作为主键，选中该字段后，单击工具栏中的"主键"按钮 ，使字段的前面出现主键图标 ，如图 2.4 所示。

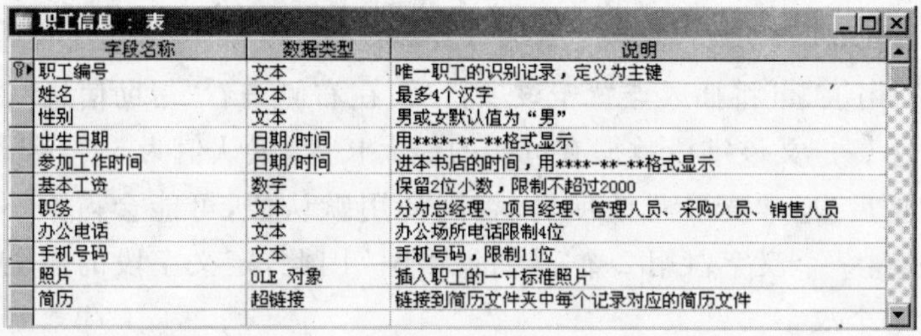

图 2.4　定义主键

（8）完成表结构的创建后，单击工具栏中的"保存"按钮，打开"另存为"对话框。在对话框中输入表的名称，如"职工信息"，如图 2.5 所示。

（9）单击"确定"按钮后，完成表结构的创建后，关闭设计器窗口即可。

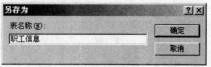

图 2.5　保存表结构对话框

　　提示：如果要删除设置的主键，选中主键字段后，可以看到工具栏上的"主键"按钮凹下显示，这时单击"主键"工具按钮使其弹起，即可删除主键的设置。

　　【操作练习 1】　在个人文件夹中新建"图书管理"数据库，并创建如表 1.2 所示的"图书基本信息"表结构。

2.1.4 字段属性的设置

当为字段设置不同的数据类型时，在设计器窗口的左下半部分会显示该字段的默认属性值。当字段的数据类型不同时，其所具有的属性也不同。通常定义字段的数据类型时，会显示默认的属性值。如果需要，可以更改其中的属性值。下面介绍不同数据类型的属性及其含义。

1. 文本

对于字符数据，如姓名、单位、电话号码等，通常选择文本数据类型。文本类型的数据，其属性包括如图2.6所示的项目。当插入点置于其中的某个项目时，会弹出下拉按钮或三点按钮，可从中选择需要的属性值。

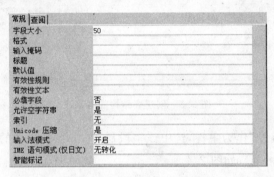

图2.6 文本类型的属性

关于属性的用法，可将插入点置于该项目后，在右侧查看"帮助信息"。其中：

- 字段大小。定义该字段数据有可能的最大长度，默认值为50。将数据类型定义为文本类型后，通常要设置该项目，否则使用默认值，可能会占据不必要的存储空间。注意：一个汉字占用2个字节的大小。因此，定义字段的大小为8，则最多可以输入4个汉字。
- 格式。使输入的数据按指定的格式显示。可以通过使用特殊的符号来限制输入数据的格式。包括@（要求文本字符或空格）、&（不要求文本字符）、<（使所有字符变为小写）、>（使所有字符变为大写）。例如，如果定义格式为"@@@-@@-@@@"，则当输入数据465043799时，则该字段的数据自动用465-04-3799格式显示。
- 输入掩码。定义输入字段的模式，即应该按何种方式输入数据，以及限制输入数字的宽度等。当插入点置于该项目时，会在右侧弹出三点按钮 [...]，单击该按钮会打开如图2.7所示的"输入掩码向导"对话框。在该对话框中可以选择数据输入的掩码方式。例如，如果选择"邮政编码"，则限制用户只能输入6位数字的数据。如果选择"密码"选项，则当用户在该字段中输入数据时，如487345，会用＊＊＊＊＊＊显示输入的数据。另外，使用如表2.2所示的输入掩码定义字符，可以自创建一个输入掩码。如设置的输入掩码为"000000"，则表示必须输入6个数字。

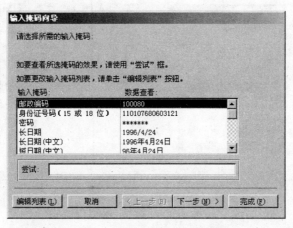

图 2.7 "输入掩码向导"对话框

表 2.2 输入掩码定义字符

掩码字符	意　义	掩码字符	意　义
0	必须输入一个数字	&	必须输入一个字符或空格
9	可存储一个数字或空格	C	可输入一个字符和空格
#	可输入一个数字、空格或加减号	. , : ; — /	小数位置标志符、千分隔符和日期数据分隔符
L	必须输入一个字母	<	使后面的所有字符转换为小写
?	可输入一个字母	>	使后面的所有字符转换为大写
A	必须输入一个字母或数字	!	当在掩码最左端定义选项字符时使掩码从右到左填写
a	可输入一个字母或数字	\	使字符以文字字符显示

- 标题。用于创建窗体时的标签。如果不定义该项目,则用字段名作为标签。
- 默认值。在数据表中生成新记录时自动添加到相应字段的数据。为字段设置默认值可以提高数据输入的效率。例如,该字段如果经常需要输入数据"男",定义其默认值为"男"后,当输入数据时,该字段的数据自动为"男"。设置默认值可以在文本框中输入默认的数据,也可以在打开的如图 2.8 所示的"表达式生成器"对话框中设置默认值。
- 有效性规则。限制该字段输入值的表达式。使用该属性可以防止非法数据输入到表中。如对数字类型字段设置一定范围的数据,对时间类型字段限制在一定的年份或月份之内。这样,当用户输入的数据不符合定义的规则时,会显示提示信息。设置有效性规则的操作是在"有效性规则"文本框中输入表达式。例如,如果设置有效性规则为" > 1000 Or Is Null",则输入数据必须为空值或大于1000。如果要设置日期类型的字段范围为 1950 年 1 月 1 日到 2001 年 1 月 1 日,则在文本框中输入"> #50-1-1# And < #01-1-1#"。如果要设置文本型字段范围为"北京或上海",则在文

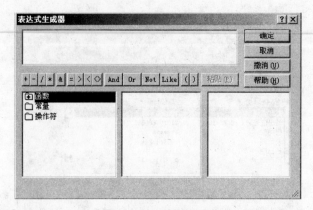

图 2.8 "表达式生成器"对话框

本框中输入'"北京" OR "上海"'。注意:表达式中的日期常量应该包含在"#"之内;字符串包含在引号""中。该属性同样对应如图 2.8 所示的"表达式生成器"对话框。

- 有效性文本。设置当输入不符合有效性规则的数据时,显示的提示信息。
- 必填字段。设置该字段的数据是否必须填写。默认值为"否",即该字段可以不输入数据。如果设置为"是",则必须在该字段输入数据,否则无法输入其他字段的数据。
- 允许空字符串。设置是否可以输入零长度的字段串。默认值为"是",即零长度字符串是有效的输入项。
- 索引。设置单一字段索引。索引可加快对索引字段的查询以及排序与分组操作。
- Unicode 压缩。指定是否允许对字段进行压缩,默认值为"是"。允许压缩可减少数据所占据的存储空间。
- 输入法模式。设置当插入点置于该字段时,希望的输入法模式。
- IME 语句模式。当插入点置于该字段时,希望的设置输入法语句模式。
- 智能标记。使用智能标记可以执行通常需要打开其他程序才能完成的操作,从而节省了时间。可以在表或查询中将智能标记附加到文件中,或在窗体、报表、数据访问页上将智能标记附件到控件上,打开的对话框如图 2.9 所示。

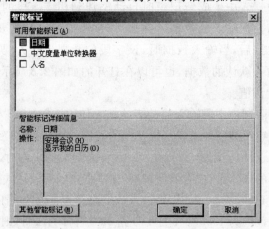

图 2.9 "智能标记"对话框

2. 备注

备注类型的数据也用来存储文本数据,其属性如图2.10所示。它与文本数据类型的区别在于:备注数据类型可以输入一些特殊的符号(如制表符或段落结束符),并可以输入超过255个字符的长文本串。备注类型的属性可参考文本类型的属性。

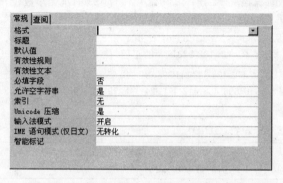

图2.10 备注属性

3. 数字

数字类型数据用来存储数值数据,数字类型的数据可以参加运算。数字类型的属性如图2.11所示。其中:

- 字段大小。设置数字的类型和大小,如图2.12所示。其中的数字类型的大小说明如表2.3所示。
- 格式。可在如图2.13所示的下拉列表框中选择数字的格式。

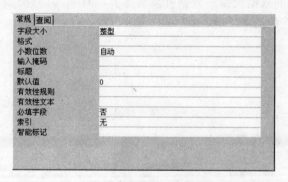

图2.11 数字类型的属性

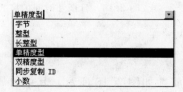

图2.12 字段的大小属性

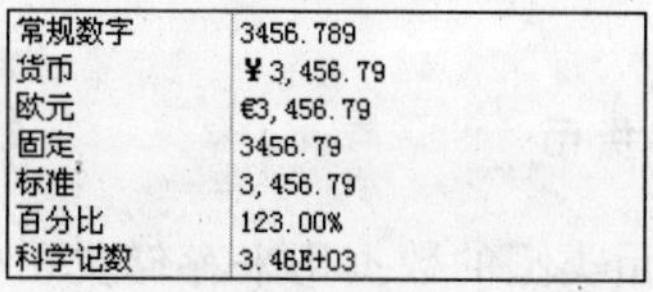

图2.13 数字的格式属性

表 2.3　数字类型的大小

类　型	说　　明	小数位数	大小
字节	保存 0~225(无小数位)的数字	无	1B
整型	保存从 −32 768~32 767(无小数位)的数字	无	2B
长整型	(默认值)保存从 −2 147 483 648~2 147 483 647(无小数位)的数字	无	4B
单精度型	保存从 −3.402 823E38~1.401 298E45 的负值和从 1.401 298E-45~3.402 823E38 的正值	7	4B
双精度型	保存从 1.797 693 134 862 31E308~4.940 656 458 412 47E324 的负值和从 4.940 656 458 412 47E324~1.797 693 134 862 31E308 的正值	15	8B
同步复制 ID	全球唯一标识符(GUID)	N/A	16B
小数	保存从 $-10^{38}-1$~$10^{38}-1$ 范围的数字(.adp)保存从 $-10^{28}-1$~$10^{28}-1$ 范围的数字(.mdb)	28	12B

- 小数位数。设置小数的位数。

其他项目可参考文本属性的设置。

4. 日期/时间

使用日期/时间类型的数据,可以存储日期、时间或日期和时间值。在 Access 中,日期/时间数据类型的整数部分存储日期,小数部分存储时间,从午夜开始计时,精确到秒。例如,6:00:00 AM 在内部表示为 0.25。天数从 1899 年 12 月 30 日开始计算,在该日期前是负数。日期/时间数据类型的数据可参加运算。日期/时间类型的属性如图 2.14 所示。其中的格式可在如图 2.15 所示的下拉列表框中选择。

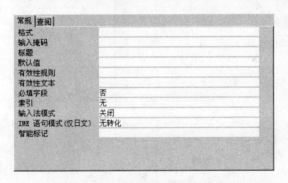

图 2.14　日期和时间类型的属性　　　　图 2.15　日期和时间的格式

5. 货币

货币类型的数据用来存储货币金额的数值。其属性如图 2.16 所示。其中的属性可参考数字类型的属性。

图 2.16　货币的属性

6. 自动编号

自动编号类型的数据是一种特殊的存储数值的数据。如果某个字段赋予自动编号类型，当向表中添加一条新记录时，由 Microsoft Access 指定一个唯一的顺序号（按 1 递增）或随机数。自动编号字段不能更新。字段编号的属性如图 2.17 所示。其"字段大小"包括长整型和同步复制 ID。如果要复制数据库，当要同步的副本的记录数小于 100 条，可选择长整型，否则选择同步复制 ID。"新值"可选择递增或随机产生数据。

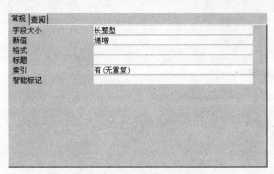

图 2.17　自动编号属性

7. 是/否

是/否类型的数据用来存储是（True）、否（False）两个值。该类型在标记账单已付或未付等很方便。其属性如图 2.18 所示。其中的格式可在图 2.19 所示的下拉列表框中选择。

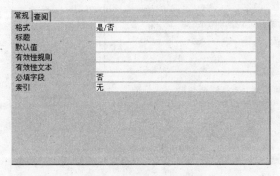

图 2.18　"是/否"属性

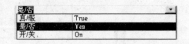

图 2.19　"是/否"格式

8. OLE 对象

OLE 对象类型的数据用来存储链接或嵌入 Access 的基于 Windows 的应用程序,如 Word、Excel、图像、声音等对象。其属性包括标题和必填字段,如图 2.20 所示。

图 2.20　OLE 对象的属性

9. 超级链接

超级链接类型的数据用于存储一个外部文件或文档的链接,其属性如图 2.21 所示,可参考文本类型的属性。

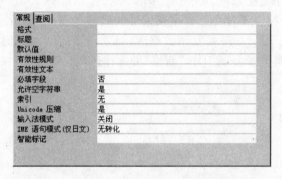

图 2.21　超级链接的属性

10. 查阅向导

查阅向导类型的数据允许使用另一个表中的某个字段的值来定义此字段的值。选择该选项时,将打开如图 2.22 所示的向导进行定义。注意:数据库中必须已经有一个以上的表才能使用该数据类型。

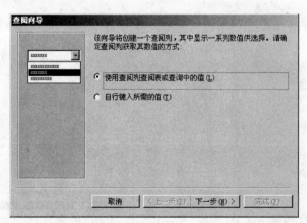

图 2.22　查询向导对话框

于是可以根据表 2.4 所示的字段定义,设置"职工信息"表的各字段属性。

【操作实例 2】 设置字段属性

目标：如表 2.4 所示修改"职工信息"表结构的字段属性,其他使用默认值。

表 2.4　职工信息表字段属性设置

字段名称	数据类型	字段大小	格式	输入掩码	默认值	有效性规则	有效性文本
职工编号	文本	3		000			
姓名	文本	8					
性别	文本	2			男		
出生日期	日期/时间		短日期	0000-99-99;0;-		＞#1950-1-1# And ＜#1999-12-30#	输入 1950 年到 2000 年之间的日期
参加工作时间	日期/时间		短日期	0000-99-99;0;-		＞#2000-1-1# And ＜#2020-1-1#	输入 2000 年到 2020 年之间的日期
基本工资	数字	单精度型	标准			＜2000	输入 2000 以内的值
职务	文本	8				"总经理" Or "项目经理" Or "管理人员" Or "采购人员" Or "销售人员"	只能输入总经理、项目经理、管理人员、采购人员、销售人员
办公电话	文本	4					
手机号码	文本	11					
照片	OLE 对象						
简历	超链接						

（1）在"书店管理"数据库的表对象窗口中,选择"职工信息"表,然后单击"设计"按钮,打开"职工信息"表的设计视图窗口。

（2）选中"职工编号"字段将其字段大小更改为 3,输入掩码为 000,如图 2.23 所示。

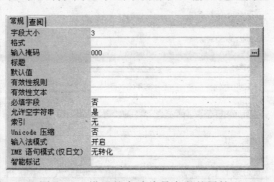

图 2.23　设置的自动编号字段的属性

（3）选中"姓名"字段,将其属性的字段大小更改为 8,必填字段为"是",其他使用默认值,如图 2.24 所示。

（4）选中"性别"字段,将其属性的字段大小更改为 2,默认值为"男",其他使用默认

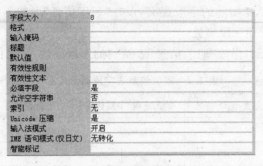

图 2.24 设置的姓名字段的属性

值,如图 2.25 所示。

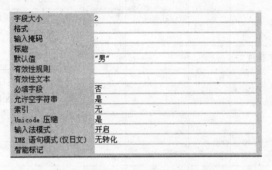

图 2.25 设置的性别字段的属性

(5) 选中"出生日期"字段,单击"格式"属性下拉按钮,在弹出的下拉列表框中选择"短日期"。

(6) 单击"输入掩码"属性的三点按钮,在打开的"输入掩码向导"对话框中选择短日期,如图 2.26 所示。

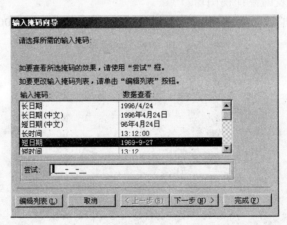

图 2.26 输入掩码向导对话框 1

(7) 单击"下一步"按钮,在接下来的对话框中尝试输入一个日期,如图 2.27 所示。

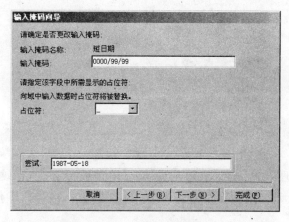

图 2.27　输入掩码向导对话框 2

（8）单击"完成"按钮，完成输入掩码的设置后，在输入掩码属性栏中显示"0000/99/99；0；_"。

（9）在"有效性规则"框中输入"＞＃1950-1-1＃ And ＜＃1999-12-30＃"。

（10）在"有效性文本"框中输入"输入 1950 年到 2000 年的日期"。

（11）其他使用默认值，这时"出生日期"字段的属性如图 2.28 所示。

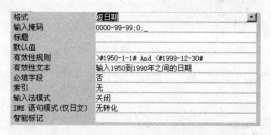

图 2.28　设置的出生日期字段的属性

（12）用同样的方法根据表 2.4 设置"参加工作时间"字段，如图 2.29 所示。

图 2.29　设置的参加工作时间字段的属性

（13）选中"基本工资"字段，单击"字段大小"属性下拉按钮，在弹出的下拉列表框中选择"单精度型"。将"格式"属性选择为"标准"。"有效性规则"为＜2000。"有效性文本"为"输入 2000 以内的值"。其他使用默认值，如图 2.30 所示。

（14）选中"职务"字段，将"字段大小"设置为 8。"有效性规则"为"″总经理″Or

字段大小	单精度型
格式	标准
小数位数	自动
输入掩码	
标题	
默认值	0
有效性规则	<2000
有效性文本	输入2000以内的值
必填字段	否
索引	无
智能标记	

图 2.30　设置的基本工资字段的属性

"项目经理"Or"管理人员"Or"采购人员"Or"销售人员""。"有效性文本"为"只能输
入总经理、项目经理、管理人员、采购人员、销售人员"。其他使用默认值,如
图 2.31 所示。

字段大小	8
格式	
输入掩码	
标题	
默认值	
有效性规则	"总经理"Or"项目经理"Or"管理人员"Or'
有效性文本	只能输入总经理、项目经理、管理人员、采购.
必填字段	否
允许空字符串	是
索引	无
Unicode 压缩	是
输入法模式	开启
IME 语句模式(仅日文)	无转化
智能标记	

图 2.31　设置的职务字段的属性

(15) 选中"办公电话"字段,将"字段大小"设置为 4。其他使用默认值,如图 2.32
所示。

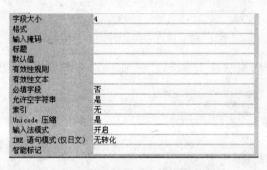

字段大小	4
格式	
输入掩码	
标题	
默认值	
有效性规则	
有效性文本	
必填字段	否
允许空字符串	是
索引	无
Unicode 压缩	是
输入法模式	开启
IME 语句模式(仅日文)	无转化
智能标记	

图 2.32　设置的联系电话字段的属性

(16) 选中"手机号码"字段,将"字段大小"设置为 11。其他使用默认值。

(17) "照片"和"简历"字段使用默认值。

(18) 完成字段属性的设置后,单击工具栏中的"保存"按钮,保存设置的属性。

【操作练习2】　根据表 1.1 修改"图书管理"数据库中"图书基本信息"表结构中各字
段的属性。

2.1.5 输入数据表的数据

创建了表结构后，单击工具栏中的“数据表视图”按钮▦，或单击“视图”→“数据表视图”命令，进入数据表视图窗口。这时，会根据创建表结构时定义的字段显示表。

在数据表视图状态下输入记录即可创建数据表，并且输入的记录会自动保存在表中。

【操作实例 3】 添加数据表记录

目标：参见附录 A，在创建的职工信息表中添加数据。其中照片字段的数据插入照片文件夹中的照片文件。简历的数据链接到简历文件夹中相应的 Word 文档。

(1) 在网上收集 5 张照片并保存到个人文件夹的“照片”文件夹中，文件名分别为职工的姓名，如图 2.33 所示。

(2) 在个人文件夹中创建一个“简历”文件夹，并将用 Word 创建的有关简历文档保存在该文件夹中，如图 2.34 所示。

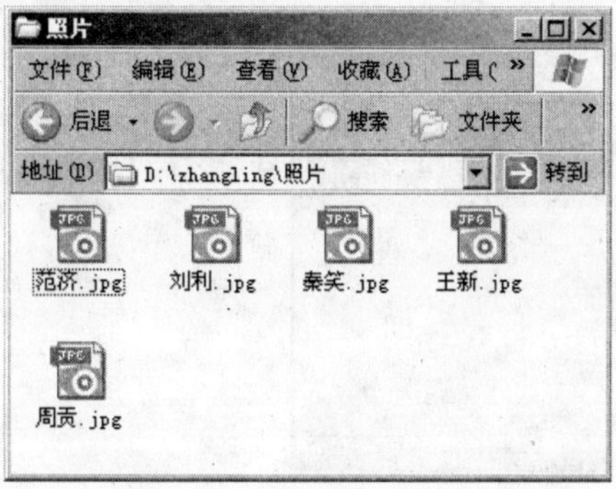

图 2.33 职工的照片

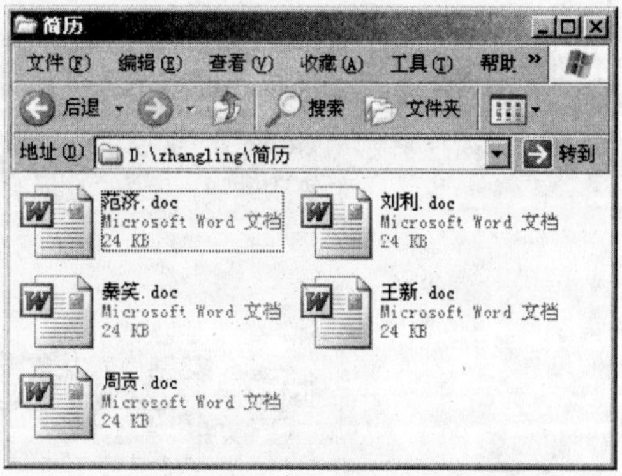

图 2.34 职工简历

(3) 继续上一个操作实例，单击工具栏中的“数据表视图”按钮，切换到数据表视图，如图 2.35 所示。

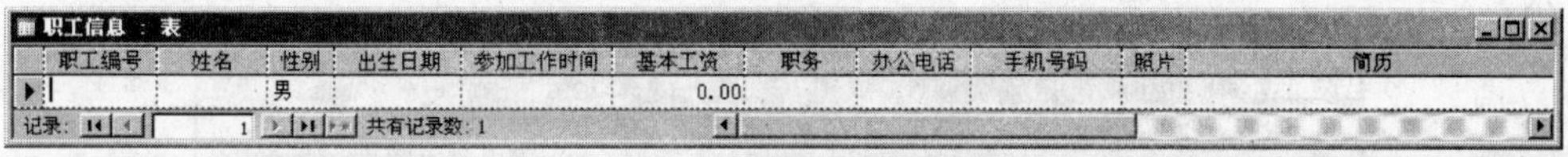

图 2.35 数据表视图窗口

(4) 在表中输入如附录 A 所示的第 1 条记录。

(5) 当输入照片数据时，单击“插入”→“对象”命令，在打开的 Microsoft Office Access 对话框中，选择“由文件创建”选项，并单击“浏览”按钮，在打开的“浏览”对话框中找到第 1 条记录所对应的照片文件，如图 2.36 所示。

(6) 单击“确定”按钮后，在 Microsoft Office Access 对话框中会显示文件的路径，如图 2.37 所示。

(7) 单击“确定”按钮后，在照片数据对应的单元格中会显示“包”。双击该单元格，会在相应的照片浏览窗口显示该照片。

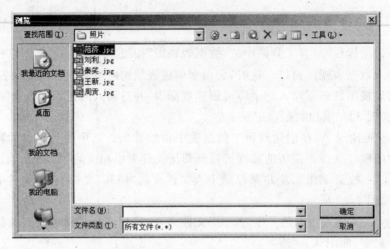

图 2.36 在"浏览"对话框中找到照片文件

图 2.37 选择的照片文件

(8) 为了输入简历数据,单击"插入"→"超链接"命令,打开"插入超链接"对话框。

(9) 在该对话框中找到"简历"文件夹,并选择第 1 条记录所对应的简历,如图 2.38 所示。

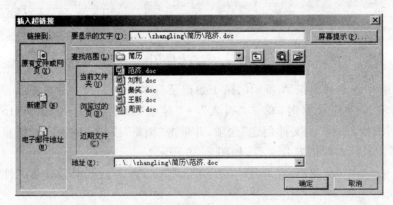

图 2.38 选择的简历文件

(10) 单击"确定"按钮后,在简历的单元格中会显示超链接的路径。

(11) 用同样的方法输入其他记录,完成数据表的创建,如图 2.39 所示。

职工信息 : 表

职工编号	姓名	性别	出生日期	参加工作时间	基本工资	职务	办公电话	手机号码	照片	简历
001	范济	女	1975-4-15	2003-4-18	1,200.00	管理人员	4765	13610076893	包	..\..\zhangling\简历\范济.doc
002	刘利	女	1978-6-11	2004-6-4	1,000.00	销售人员	8574	17564736251	包	..\..\zhangling\简历\刘利.doc
003	秦笑	男	1968-4-30	2000-10-12	1,900.00	总经理	3644	13808099999	包	..\..\zhangling\简历\秦笑.doc
004	王新	女	1970-9-18	2003-5-8	1,500.00	项目经理	4454	13939489823	包	..\..\zhangling\简历\王新.doc
005	周贡	男	1977-8-12	2000-8-12	1,200.00	管理人员	4765	13345432343	包	..\..\zhangling\简历\周贡.doc
006	孟存	男	1978-9-25	2001-5-19	1,600.00	采购人员	5665	13343254354		
007	吕宏	男	1966-5-5	2003-4-12	1,200.00	管理人员	4534	14543454345		
008	孙序	男	1970-12-29	2005-8-9	1,000.00	销售人员	4765	19234837454		
009	张善	女	1980-10-13	2005-3-23	1,000.00	销售人员	4676	12387766772		
010	刘阳	女	1983-11-24	2003-4-6	1,600.00	采购人员	5665	12783748732		
011	孙雪	女	1985-5-13	2004-7-9	1,200.00	管理人员	2933	12993847534		
012	王信玉	男	1970-9-11	2005-2-12	1,500.00	项目经理	3222	17837465743		
013	张刚	男	1968-4-15	2004-4-28	1,500.00	采购人员	3544	13384737748		
014	刘健	男	1978-9-18	2003-5-5	1,400.00	管理人员	4556	12944574837		
015	张光	男	1978-9-9	2004-9-1	1,300.00	销售人员	5667	12747874838		
*		男			0.00					

记录: 1 共有记录数: 15

图 2.39 添加了记录的数据表

【操作练习 3】 参见附录 B 在"图书基本信息"表中输入如图 2.40 所示的数据。

图书基本信息 : 表

书号	书名	作者	出版社	单价	类别	光盘	备注
7-104-02318-6	假如给我三天光明	夏志强编译	中国戏剧出版社	￥16.80	qt	☐	海伦.凯特自传
7-111-07327-4	如何使用 Access 2000中文版	郭亮	机械工业出版社	￥50.00	isi	☐	
7-113-05431-5	Access数据库应用技术	李雁翎等	中国铁道出版社	￥23.00	isi	☐	谭浩强主编
7-302-03802-3	计算机基础知识与基本操作	张玲	清华大学出版社	￥19.50	isi	☐	谭浩强主编
7-302-10299-6	Access数据库设计开发和部署	Peter Elie Semaan	清华大学出版社	￥68.00	isi	☑	天宏工作室译
7-5014-1579-X	机动车驾驶员交通法规与相关知识教材	陈泽民	群众出版社	￥21.00	qt	☐	
7-5053-5574-0	中文版Access 2000宝典	Cary N.Prague	电子工业出版社	￥18.50	isi	☑	
7-5053-5893-6	Access 2000 中文版实例与疑难解答	朱永春	电子工业出版社	￥29.00	isi	☐	
7-5053-6069-6	Access 2000引导	郑小玲	电子工业出版社	￥15.00	isi	☐	
7-5058-2275-6	看图速成学Access 2000	谭亦峰	经济科学出版社	￥30.00	isi	☐	谭浩强主编
7-5077-1942-1	轻松作文	李龙文	学苑出版社	￥39.80	qt	☐	
7-5360-3359-1	昆虫记	梁守锵译	花城出版社	￥138.00	qt	☐	共10卷
7-5407-3008-0	朱自清散文精选	朱自清	漓江出版社	￥9.90	qt	☐	
7-81059-206-8	跟我学驾驶	武泽斌	中国人民公安大学出版	￥32.00	qt	☐	
7-900622-59-4	Access 2000中文版使用大全	John Viescas	清华大学出版社	￥18.00	isi	☑	
*				￥0.00		▣	

记录: 1 共有记录数: 15

图 2.40 输入的数据

2.1.6 使用向导创建数据表

借助于表对象的向导可以快速创建通用格式的数据表结构。

【操作实例 4】 使用向导创建数据表结构

目标:使用向导创建如表 1.4 所示的供应商信息表的表结构,并输入如附录 C 所示的数据。

(1) 在打开的数据库窗口的"表"对象中,双击其中的"使用向导创建表"选项,如图 2.41 所示,打开"表向导"对话框。

(2) 在该对话框中设置选择表的字段,如图 2.42 所示,然后单击"下一步"按钮。

(3) 在接下来的对话框中设置表的名称和主键,如图 2.43 所示,然后单击"下一步"按钮。

(4) 在接下来的对话框中选择主键,如图 2.44 所示,然后单击"下一步"按钮。

(5) 在接下来的对话框中不建立关系,如图 2.45 所示,单击"下一步"按钮。

(6) 在如图 2.46 所示的对话框中选择创建表后的动作。

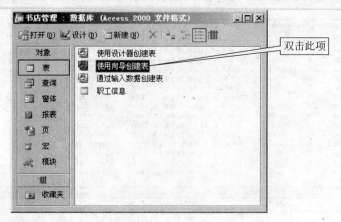

图 2.41 表对象

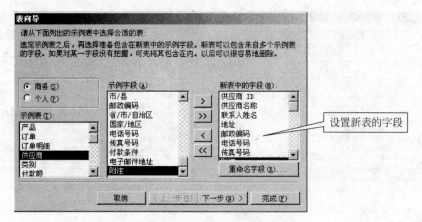

图 2.42 在表向导对话框中选择字段

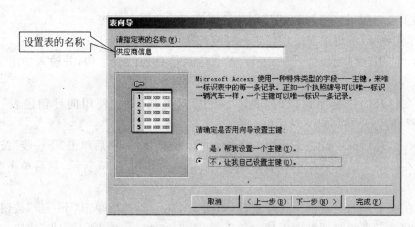

图 2.43 在"表向导"对话框中设置名称和主键

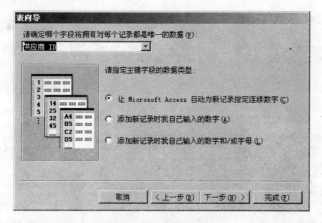

图 2.44 设置主键

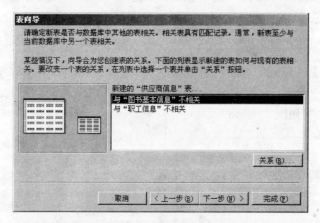

图 2.45 设置表的关系

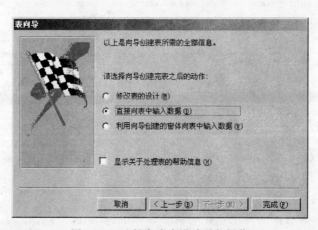

图 2.46 选择完成表设计后的操作

（7）单击"完成"按钮,于是完成表结构的创建,并在 Access 窗口直接显示数据表视图状态,如图 2.47 所示。

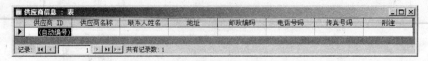

图 2.47　使用向导生成的表结构

（8）在创建的表中输入附录 C 中的数据,完成的供应商信息表如图 2.48 所示。

供应商 ID	供应商名称	联系人姓名	地址	邮政编码	电话号码	传真号码	附注
1	清华大学出版社	王育宏	北京双清路学研大厦A座5-7层	100084	010-6277966	010-6278654	
2	中国铁道出版社	黄勤	北京右安门西街8号	100054	010-6356005	010-8352986	
3	机械工业出版社	张寻	北京百万庄南街1号	100037	010-6899525	010-6899526	
4	电子工业出版社	李克强	北京万寿路173信箱	100036	010-8825888	010-8825439	
5	中国戏剧出版社	许丽丽	北京紫竹院路116号	100089	010-8400250	010-8400250	
6	群众出版社	辛酷	北京方庄芳星园3区15号楼	100034	010-8676809	010-8676809	
7	经济科学出版社	寿金	北京市海淀区阜成路甲28号新知大厦	100036	010-8819012	010-8819129	
8	学苑出版社	方会	北京市丰台区南方庄2号院1号楼	100079	010-6760110	010-6760110	
9	花城出版社北京出版社	孟紫	广州环市东水荫路11号	510075	020-8379651	020-8379651	
10	漓江出版社北京出版中心	史响玉	北京市朝阳区建国路88号现代城6座100	100022	010-8589347	010-8589346	
11	中国人民公安大学出版	徐信育	北京西城区木樨地南里甲一号	100038	010-6348636	010-6348636	

图 2.48　在表中输入数据

【操作练习 4】 修改供应商信息表。根据表 1.4 将其中的字段属性修改为合适的字段大小,并将"供应商 ID"字段的名称改为"供应商编号",数据类型为文本类型。插入新的字段"电子邮件",如图 2.49 所示。

修改字段名称和类型　　　　　　　　　　　　　　　　　　　　插入新字段

供应商编号	供应商名称	联系人姓名	地址	邮政编码	电话号码	传真号码	电子邮件	附注
001	清华大学出版社	王育宏	北京双清路学研大厦A座5-7层	100084	010-6277966	010-6278654	qhdx@263.net	
002	中国铁道出版社	黄勤	北京右安门西街8号	100054	010-6356005	010-8352986	zgtd@263.net	
003	机械工业出版社	张寻	北京百万庄南街1号	100037	010-6899525	010-6899526	jxgy@263.net	
004	电子工业出版社	李克强	北京万寿路173信箱	100036	010-8825888	010-8825439	dzgy@263.net	
005	中国戏剧出版社	许丽丽	北京紫竹院路116号	100089	010-8400250	010-8400250	zgxj@263.net	
006	群众出版社	辛酷	北京方庄芳星园3区15号楼	100034	010-8676809	010-8676809	qz@263.net	
007	经济科学出版社	寿金	北京市海淀区阜成路甲28号新知	100036	010-8819012	010-8819129	jjkx@263.net	
008	学苑出版社	方会	北京市丰台区南方庄2号院1号楼	100079	010-6760110	010-6760110	xy@263.net	
009	花城出版社	孟紫	广州环市东水荫路11号	510075	020-8379651	020-8379651	hc@263.net	
010	漓江出版社北京出版中心	史响玉	北京市朝阳区建国路88号现代城6	100022	010-8589347	010-8589346	lj@263.net	
011	中国人民公安大学出版	徐信育	北京西城区木樨地南里甲一号	100038	010-6348636	010-6348636	zgrmgadx@263.	

图 2.49　修改后的供应商信息表

2.1.7　通过输入数据创建表

对于简单的数据表,还可以通过输入数据直接创建表,这时,系统会根据用户输入的数据自动设置字段的属性。如果对系统设置的属性不满意,可以在设计视图中修改。

【操作实例 5】 通过输入数据创建表

目标:通过输入数据的方法创建附录 D 所示的进书表。

（1）在数据库窗口的表对象中,双击其中的"通过输入数据创建表"选项,打开如图 2.50 所示的数据表视图窗口。

（2）在该数据表中首先双击字段名,进入编辑状态后,修改字段的名称,如图 2.51 所示。

字段1	字段2	字段3	字段4	字段5	字段6	字段7	字段8

记录 ⏮ ◀ 1 ▶ ▶▶ ▶* 共有记录数: 21

图 2.50　新建的数据表

书号	折扣	数量	进书日期	供应商	进书人

记录 ⏮ ◀ 6 ▶ ▶▶ ▶* 共有记录数: 21

图 2.51　修改字段名称后

（3）根据附录 D 输入第 1 条"进书"表中的数据，如图 2.52 所示。

编号	书号	折扣	数量	进书日期	供应商	进书人
1	7-111-07327-4	0.70	30	2006-4-7	003	010
（自动编号）						

记录 ⏮ ◀ 1 ▶ ▶▶ ▶* 共有记录数: 1

图 2.52　输入的数据

（4）保存表名称为"进书"，在提示是否创建主键时，单击"是"按钮。

（5）单击工具栏中的"视图切换"按钮，进入表结构的设计视图，如图 2.53 所示。该表结构是根据用户输入的数据自动生成的。

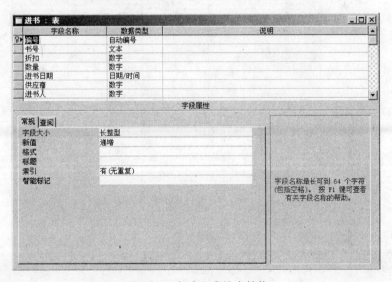

字段名称	数据类型	说明
编号	自动编号	
书号	文本	
折扣	数字	
数量	数字	
进书日期	日期/时间	
供应商	数字	
进书人	数字	

字段属性

常规｜查阅

字段大小　　长整型
新值　　　　递增
格式
标题
索引　　　　有（无重复）
智能标记

字段名称最长可到 64 个字符（包括空格）。按 F1 键可查看有关字段名称的帮助。

图 2.53　自动生成的表结构

（6）根据表 1.2 修改表结构，并保存。

(7) 回到数据表视图继续输入其他数据，完成后的“进书”数据表如图 2.54 所示。

进书 : 表

编号	书号	折扣	数量	进书日期	供应商	进书人
1	7-111-07327-4	0.70	30	2006-4-7	003	010
2	7-302-10299-6	0.75	50	2006-4-7	001	010
3	7-5053-6069-6	0.65	100	2006-4-16	004	013
4	7-900622-59-4	0.68	80	2006-4-16	001	013
5	7-5053-5574-0	0.75	20	2006-4-18	004	010
6	7-111-07327-4	0.70	30	2006-4-23	003	013
7	7-302-03802-3	0.65	100	2006-4-23	001	013
8	7-5053-5574-0	0.70	80	2006-4-25	004	006
9	7-5053-6069-6	0.70	20	2006-4-25	004	006
10	7-113-05431-5	0.68	40	2006-4-25	002	006
11	7-302-10299-6	0.68	40	2006-4-25	001	006
12	7-5077-1942-1	0.70	20	2006-5-8	008	010
13	7-104-02318-6	0.70	10	2006-5-8	005	010
14	7-5014-1579-X	0.70	10	2006-5-8	006	010
15	7-5360-3359-1	0.68	30	2006-5-8	009	010
16	7-81059-206-8	0.70	15	2006-5-15	011	013
17	7-5053-5893-6	0.75	10	2006-5-18	004	013
18	7-5058-2275-6	0.75	60	2006-5-18	007	013
19	7-5407-3008-0	0.70	30	2006-5-18	010	013
20	7-900622-59-4	0.70	20	2006-5-19	001	006
(自动编号)						

记录：20 共有记录数：20

图 2.54　完成的进书数据表

【操作练习 5】 在 Excel 中根据附录 E 创建如图 2.55 所示的售书表(不包括编号字段)，并保存到个人文件夹中，名字为“售书”。

售书.xls

	A	B	C	D	E
1	书号	折扣	数量	售书日期	售书人
2	7-111-07327-4	0.9	10	2006-5-17	002
3	7-302-10299-6	0.95	20	2006-5-17	002
4	7-5053-6069-6	0.85	60	2006-5-20	009
5	7-900622-59-4	0.88	40	2006-5-20	009
6	7-5053-5574-0	0.95	12	2006-5-20	009
7	7-302-03802-3	0.85	60	2006-5-23	015
8	7-5053-5574-0	0.9	45	2006-5-23	015
9	7-5053-6069-6	0.9	14	2006-5-23	015
10	7-113-05431-5	0.88	35	2006-5-25	008
11	7-302-10299-6	0.88	36	2006-5-25	008
12	7-5077-1942-1	0.9	4	2006-6-11	002
13	7-104-02318-6	0.9	8	2006-6-11	002
14	7-5360-3359-1	0.88	20	2006-6-11	002
15	7-81059-206-8	0.9	7	2006-6-15	015
16	7-5053-5893-6	0.95	7	2006-6-15	015
17	7-302-10299-6	0.95	20	2006-6-17	002
18	7-302-03802-3	0.85	25	2006-6-17	002
19	7-5077-1942-1	0.9	10	2006-6-17	002
20	7-81059-206-8	0.9	3	2006-6-17	002
21	7-5053-5574-0	0.9	15	2006-6-23	015
22	7-900622-59-4	0.88	21	2006-6-23	015
23	7-5053-6069-6	0.85	20	2006-6-23	015
24	7-111-07327-4	0.9	10	2006-6-27	002
25	7-900622-59-4	0.88	17	2006-6-27	002
26					

售书

图 2.55　在 Excel 中创建售书表

2.2　数据表的导入和导出

由于 Access 的数据表不是一个独立的文件，不能将其另外保存到其他的数据库中。因此，要使用其他数据库中的某个数据表，必须将其导入或复制到当前的数据库中。另外,可以将在 Access 中创建的数据表导出到诸如 Excel、Access 其他数据库、文本文件等其他应用程序。

2.2.1 导入其他数据库的数据表

要使用其他数据库的数据表,可在 Access 中使用导入或者复制和粘贴命令来实现。

【操作实例 6】 导入其他数据库中的数据表

目标:将在"图书管理"数据库中的"图书基本信息"表导入到"书店管理"数据库中。

(1) 在"书店管理"数据库的表对象窗口中,单击"文件"→"获取外部数据"→"导入"命令,在打开的"导入"对话框中,选择个人文件夹中的"图书管理"文件,如图 2.56 所示。

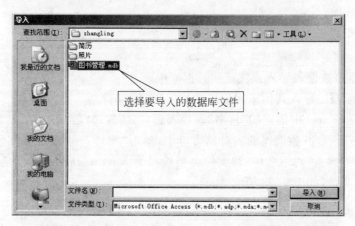

图 2.56 在"导入"对话框中选择要导入的数据库文件

(2) 单击"导入"按钮,在"导入对象"对话框中选择要导入的数据表,如图 2.57 所示。

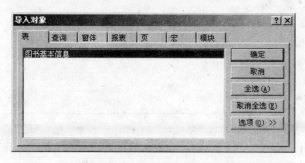

图 2.57 在"导入对象"对话框中选择要导入的数据表

(3) 单击"确定"按钮,于是将"图书基本信息"表导入到"书店管理"的数据库中,如图 2.58 所示。

【操作练习 6】 使用复制的方法将"书店管理"数据库中的"进书"数据表粘贴到"图书管理"数据库中。

2.2.2 导入其他应用程序的数据

要使用其他应用程序中的数据,如 Excel、通讯簿、文本文件中的数据,必须通过导入

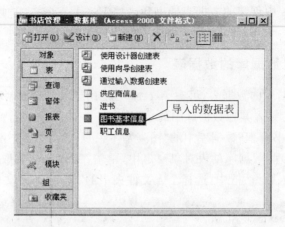

图 2.58　导入的数据表

或链接的操作,将数据表导入或链接到数据库中。

【操作实例 7】　导入其他应用程序的数据创建表

目标:将在 Excel 中创建的"售书"表导入到"书店管理"数据库中。

(1) 在"书店管理"数据库的表对象窗口中,单击"文件"→"获取外部数据"→"导入"命令,在打开的"导入"对话框中,将文件类型选择为 Microsoft Excel,然后在个人文件夹中选择"售书"文件,如图 2.59 所示。

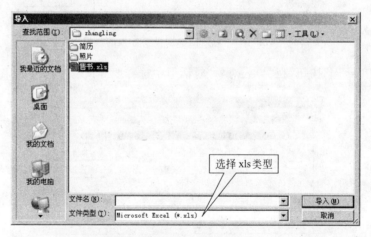

图 2.59　选择导入 Excel 工作表

(2) 单击"导入"按钮,打开"导入数据表向导"对话框。

(3) 选择要导入的数据,如图 2.60 所示。

(4) 单击"下一步"按钮,在接下来的对话框中选择第一行是否包含列标题,如图 2.61所示。

(5) 单击"下一步"按钮,在接下来的对话框中选择数据保存的位置,如图 2.62 所示。

(6) 单击"下一步"按钮,在接下来的对话框中使用默认设置,选择导入全部字段,如图 2.63 所示。

图 2.60 "导入数据表向导"对话框 1

图 2.61 "导入数据表向导"对话框 2

图 2.62 "导入数据表向导"对话框 3

图 2.63 "导入数据表向导"对话框 4

(7) 单击"下 步"按钮,在接下来的对话框中选择主键,如图 2.64 所示。

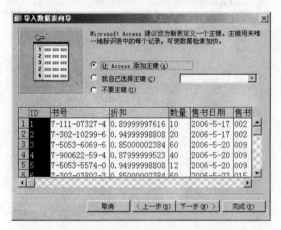

图 2.64 "导入数据表向导"对话框 5

(8) 单击"下一步"按钮,在接下来的对话框中确定导入表的名字,如图 2.65 所示。

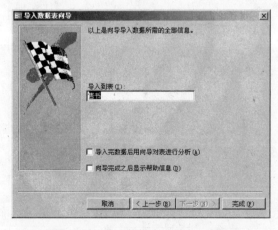

图 2.65 "导入数据表向导"对话框 6

（9）最后单击"完成"按钮，完成数据表的导入，窗口显示提示信息。

（10）关闭该对话框后，在对话框表对象中，可以看到导入的数据表，如图 2.66 所示。

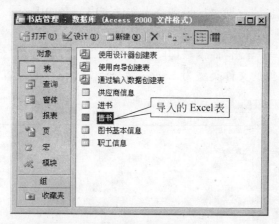

图 2.66　在数据库中导入的 Excel 表 1

（11）双击打开导入的"售书"数据表，切换到设计视图状态，将"折扣"的字段大小属性更改为"单精度"，格式为"固定"。完成后的数据表如图 2.67 所示。

ID	书号	折扣	数量	售书日期	售书人
1	7-111-07327-4	0.90	10	2006-5-17	002
2	7-302-10299-6	0.95	20	2006-5-17	002
3	7-5053-6069-6	0.85	60	2006-5-20	009
4	7-900622-59-4	0.88	40	2006-5-20	009
5	7-5053-5574-0	0.95	12	2006-5-20	009
6	7-302-03802-3	0.85	60	2006-5-23	015
7	7-5053-5574-0	0.90	45	2006-5-23	015
8	7-5053-6069-6	0.90	14	2006-5-23	015
9	7-113-05431-5	0.88	35	2006-5-25	008
10	7-302-10299-6	0.88	36	2006-5-25	008
11	7-5077-1942-1	0.90	4	2006-6-11	002
12	7-104-02318-6	0.90	8	2006-6-11	002
13	7-5360-3359-1	0.88	20	2006-6-11	002
14	7-81059-206-8	0.90	7	2006-6-15	015
15	7-5053-5893-6	0.95	7	2006-6-15	015
16	7-302-10299-6	0.95	20	2006-6-17	002
17	7-302-03802-3	0.85	25	2006-6-17	002
18	7-5077-1942-1	0.90	10	2006-6-17	002
19	7-81059-206-8	0.90	3	2006-6-17	002
20	7-5053-5574-0	0.90	15	2006-6-23	015
21	7-900622-59-4	0.88	21	2006-6-23	015
22	7-5053-6069-6	0.85	20	2006-6-23	015
23	7-111-07327-4	0.90	10	2006-6-27	002
24	7-900622-59-4	0.88	17	2006-6-27	002

记录：共有记录数：24

图 2.67　在数据库中导入的 Excel 表 2

【操作练习 7】　将个人的通讯簿导入到"图书管理"数据库中。

2.2.3　导出数据表中的数据

在 Access 数据库中创建的数据表，还可以导出到其他应用程序中使用。例如，将某个数据表导出为 Excel 的工作表，这时，该数据表中的数据可作为 Excel 的一个独立文件存在。

【操作实例8】 导出数据表

目标：将"职工信息"数据表导出到个人文件夹中同名的 Excel 工作表。

（1）在"图店管理"数据库中，选中"职工信息"表。

（2）单击"文件"→"导出"命令，打开"将表'职工信息'导出为"对话框。

（3）选择将表导出的文件类型为 Excel，并选择文件保存的位置，如图 2.68 所示。

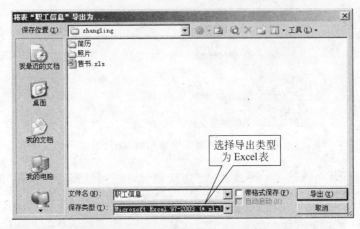

图 2.68 将表导出为对话框

（4）单击"导出"按钮，完成数据库导出。

（5）在 Excel 窗口中打开导出的数据表，如图 2.69 所示。

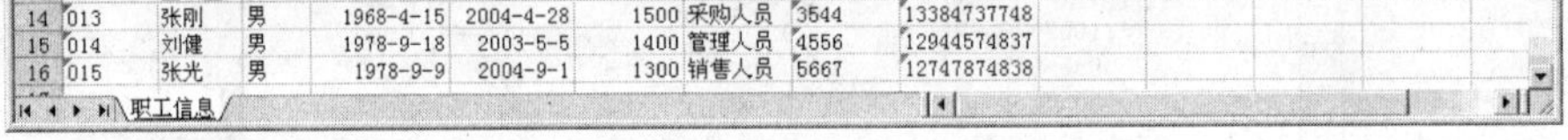

图 2.69 导出的数据表

【操作练习8】 将"书店管理"数据库中的"售书"表导出到"图书管理"数据库中。

2.3 操作表

创建了数据表后，还可以重新编辑表的内容，调整表的格式，查找或替换指定的数据、排序数据、筛选指定条件的记录等。这些操作需要在数据表视图中进行。以下的操作假设已经打开数据表，并在数据表视图状态。

2.3.1 编辑表内容

编辑表内容包括添加或删除记录、修改数据、复制数据等。编辑表内容的操作必须在数据表视图状态下进行。

- 如果要添加记录，则单击"插入"→"新记录"命令，或者单击"新记录"按钮 ▶*，这时，在表的最后添加一行，输入该记录各字段的数据即可。
- 如果要删除某个记录，选中该记录；如果要同时删除多个连续记录，选中要删除的第一条记录后，按 Shift 键再选中最后一条记录。单击工具栏中的"删除记录"按钮 ✖，在显示的提示框中确认即可。注意：记录删除后，无法再恢复，因此删除记录时要小心。
- 如果要修改表中的数据，单击该数据后，如修改文本一样修改数据。
- 复制数据的操作可参考在 Excel 中复制数据的操作。

2.3.2 调整表格式

为了更清楚地显示数据表的内容，可以调整表的行高、列宽，设置表的字体、网格样式、背景颜色、冻结列、隐藏列等。这些操作可以使用如图 2.70 所示的"格式"菜单中相应的命令。

图 2.70 "模式"菜单

【操作实例 9】 修改和设置表

目标：将"职工信息"数据表添加 1 条记录：016、许莉莉、女、1975-9-5、2005-8-19、1,500.00、项目经理、4775、13328738475，并将第 15 条记录的"张光"改为"张广"。然后将该表设置为如图 2.71 所示的格式。最后隐藏"手机号码"和"照片"列；冻结"姓名"列。

职工编号	姓名	性别	出生日期	参加工作时间	基本工资	职务	办公电话	手机号码	照片	简历
001	范济	女	1975-4-18	2003-4-18	1,200.00	管理人员	4765	13610076893	包	..\..\zhangling\简历\范济.doc
002	刘利	女	1978-6-11	2004-6-4	1,000.00	销售人员	8574	17564736251	包	..\..\zhangling\简历\刘利.doc
003	秦英	男	1968-4-30	2000-10-12	1,900.00	总经理	3644	13808099999	包	..\..\zhangling\简历\秦英.doc
004	王新	男	1970-9-18	2003-5-8	1,500.00	项目经理	4454	13939489823	包	..\..\zhangling\简历\王新.doc
005	周贞	男	1977-8-12	2000-8-12	1,500.00	项目经理	4765	13345432343	包	..\..\zhangling\简历\周贞.doc
006	孟存	女	1978-9-25	2001-5-19	1,600.00	采购人员	5665	13343254354		
007	吕宏	男	1966-5-5	2003-4-12	1,200.00	销售人员	4534	14543454345		
008	孙序	男	1970-12-29	2005-8-9	1,000.00	销售人员	4765	19234837454		
009	张鱼	女	1980-10-13	2005-3-23	1,000.00	管理人员	4676	12387766772		
010	刘阳	男	1963-11-24	2003-4-6	1,600.00	采购人员	5665	12783748732		
011	乔雷	女	1985-5-13	2004-7-9	1,200.00	管理人员	2933	12993847534		
012	王信玉	女	1970-9-11	2005-2-12	1,500.00	项目经理	3222	17837465743		
013	张刚	男	1968-4-15	2004-4-28	1,500.00	销售人员	3544	15834737748		
014	刘健	男	1978-9-18	2003-5-5	1,400.00	管理人员	4556	12944574837		
015	张广	男	1978-9-9	2004-9-1	1,300.00	销售人员	5667	12747874838		
016	许莉莉	女	1975-9-5	2005-8-19	1,500.00	项目经理	4775	13328738475		
*		男			0.00					

记录： ◄◄ ◄ 1 ► ►I ►* 共有记录数：16

图 2.71 修改后的数据表

（1）打开"职工信息"数据表。

（2）单击"插入"→"新记录"命令，将插入点定位在最后一条记录后，输入新记录。

（3）在第 15 条记录"张光"单元格中单击，将插入点置于该单元格中后，删除"光"字符后，输入"广"。

（4）为设置数据表中的字体、大小等，单击"格式"→"字体"命令，在打开的"字体"对话框中选择相应的选项（如图 2.72 所示），并单击"确定"按钮。

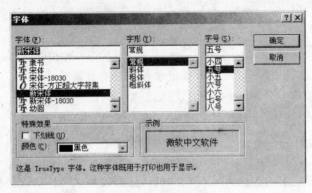

图 2.72　"字体"对话框

（5）为设置数据表的单元格显示效果、网格线等，在"格式"菜单中选择"数据表"选项，在打开的"设置数据表格式"对话框中，将网格线颜色选择为"蓝色"，将水平和垂直网格线选择为"点线"，数据表边框线为"实线"，如图 2.73 所示，并单击"确定"按钮。

（6）为设置数据表的行高，选择数据表后，在"格式"菜单中选择"行高"命令后，在打开的"行高"对话框中如图 2.74 所示进行设置，并单击"确定"按钮。

图 2.73　"设置数据表格式"对话框

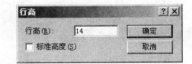

图 2.74　"行高"对话框

（7）为在数据表中隐藏"手机号码"、"照片"列，按住 Shift 键后分别单击"手机号码"和"照片"列后，在"格式"菜单中选择"隐藏列"命令。这时，这 2 列隐藏起来，如图 2.75 所示。

（8）选中要冻结的"姓名"列后，在"格式"菜单中选择"冻结列"命令，这时的数据表如图 2.76 所示，为冻结列的效果。

【操作练习 9】　取消如图 2.75 和图 2.76 所示的数据表中隐藏和冻结的列。

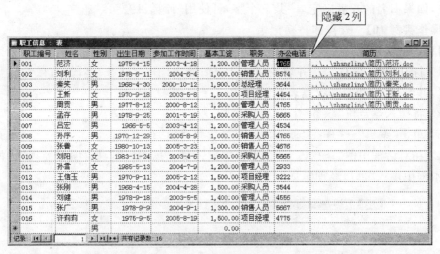

	职工编号	姓名	性别	出生日期	参加工作时间	基本工资	职务	办公电话	简历
▶	001	范济	女	1975-4-15	2003-4-18	1,200.00	管理人员	4765	..\..\zhangling\简历\范济.doc
	002	刘利	女	1978-6-11	2004-6-4	1,000.00	销售人员	8574	..\..\zhangling\简历\刘利.doc
	003	秦笑	男	1968-4-30	2000-10-12	1,900.00	总经理	3644	..\..\zhangling\简历\秦笑.doc
	004	王新	女	1970-9-18	2003-5-8	1,500.00	项目经理	4454	..\..\zhangling\简历\王新.doc
	005	周贡	男	1977-8-12	2000-8-12	1,200.00	管理人员	4765	..\..\zhangling\简历\周贡.doc
	006	孟存	男	1978-9-25	2001-5-19	1,600.00	采购人员	5665	
	007	吕宏	男	1966-5-5	2003-4-12	1,200.00	管理人员	4534	
	008	孙序	男	1970-12-29	2005-8-9	1,000.00	销售人员	4765	
	009	张善	女	1980-10-13	2005-3-23	1,000.00	销售人员	4676	
	010	刘阳	女	1983-11-24	2003-4-6	1,600.00	采购人员	5665	
	011	孙雪	女	1985-5-13	2004-7-9	1,200.00	管理人员	2933	
	012	王信玉	男	1970-9-11	2005-2-12	1,500.00	项目经理	3222	
	013	张刚	男	1968-4-15	2004-4-28	1,500.00	采购人员	3544	
	014	刘健	男	1978-9-18	2003-5-5	1,400.00	管理人员	4556	
	015	张广	男	1978-9-9	2004-9-1	1,300.00	销售人员	5667	
	016	许莉莉	女	1975-9-5	2005-8-19	1,500.00	项目经理	4775	
*			男			0.00			

图 2.75　隐藏列的表

	姓名	基本工资	职务	办公电话	简历
▶	范济	1,200.00	管理人员	4765	..\..\zhangling\简历\范济.doc
	刘利	1,000.00	销售人员	8574	..\..\zhangling\简历\刘利.doc
	秦笑	1,900.00	总经理	3644	..\..\zhangling\简历\秦笑.doc
	王新	1,500.00	项目经理	4454	..\..\zhangling\简历\王新.doc
	周贡	1,200.00	管理人员	4765	..\..\zhangling\简历\周贡.doc
	孟存	1,600.00	采购人员	5665	
	吕宏	1,200.00	管理人员	4534	
	孙序	1,000.00	销售人员	4765	
	张善	1,000.00	销售人员	4676	
	刘阳	1,600.00	采购人员	5665	
	孙雪	1,200.00	管理人员	2933	
	王信玉	1,500.00	项目经理	3222	
	张刚	1,500.00	采购人员	3544	
	刘健	1,400.00	管理人员	4556	
	张广	1,300.00	销售人员	5667	
	许莉莉	1,500.00	项目经理	4775	
*		0.00			

图 2.76　冻结列的效果

2.3.3　查找和替换数据

如果已知要查找数据的记录号，则在如图 2.77 所示的数据表底部的记录编号框中输入记录号后按回车键即可。

图 2.77　记录定位

要查找或替换某个指定的数据时，可以使用“查找和替换”对话框。

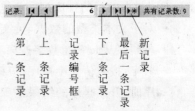

在进行查找的时候，可以使用通配符来进行模糊查找，其中“＊”可以代表任意长度的字符串，包括空字符串。“?”则可以代表任意的单个字符。例如查书名时，只知道书名中开头的几个字(计算机)，而且书名长度不确定，这就可以用“计算机＊”作为查

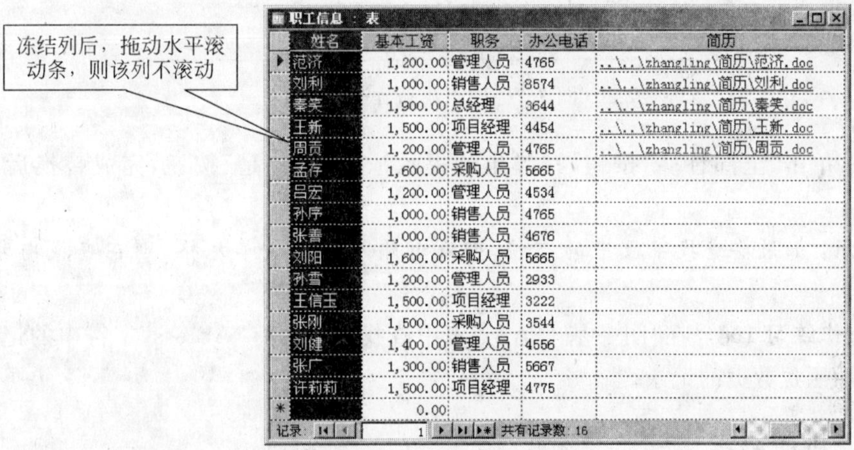

找对象,如果书名的长度确定,一共 5 个字,可使用"计算机??"。

【操作实例 10】 查找和替换记录

目标:在"职工信息"表中将职务为"项目经理"的记录更改为"部门经理"。

(1) 打开"职工信息"表,并切换到设计视图后,取消对"职务"字段"有效性规则"属性的设置,并保存后,切换到数据表视图。

(2) 将插入点定位"职务"字段。

(3) 单击"编辑"→"查找"命令,打开"查找和替换"对话框。

(4) 在对话框中的"查找内容"文本框中输入要查找的数据,如"项目经理"。将"替换为"文本框中输入"部门经理",如图 2.78 所示。

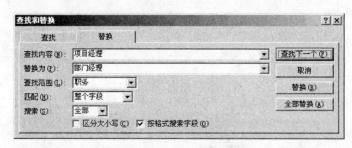

图 2.78 "查找和替换"对话框

(5) 单击"全部替换"按钮,在弹出的提示框中单击"是"按钮,完成替换后,关闭对话框。

提示:如果要查找字段中的空值,即没有输入数据的单元格,则在查找内容中输入"Null"。

【操作练习 10】 在"图书基本信息"表中查找书名中有"Access"字符串的记录,查找没有添加照片数据的记录。

2.3.4 排序记录

对于数据表进行排序,可以更清晰地查看指定数据的内容,便于通过数据本身反映出一定的信息。

要排序表中某个字段的数据,可定位插入点后,单击工具栏上的"升序"按钮 ↓↑ 或"降序"按钮 ↑↓。

不同数据类型的排序规则不同。升序排序的规则是:

- 对于文本类型的数据,英文字母按 a～z 排序,大小写视为相同;中文按照拼音字母顺序从 a～z。数字按第 1 个字符的 ASCII 码值排序。如果希望对文本类型的数字,按数值大小排序,应该在小的数字前面加 0。如文本类型的数据 5、8、12 排序时,升序排序的结果是 12、5、8。如果将数据改为 05、08、12 时,排序结果为 05、08、12。

- 对于数字类型的数据,数字按从小到大排序。

- 日期和时间数据按从前到后的日期和时间排序。

降序排序规则与升序排序规则相反。

注意：其他类型的数据不能排序。排序后，表中的数据按设置的字段排序次序显示。如果排序字段的某个记录的值为空值，则该记录排列在第1行。

对于排序具有相同数据的字段，可以按照第2个字段进行排序，或者第3个字段排序，也就是按多个字段排序记录时。这时可以使用高级排序窗口进行设置。

【操作实例11】 排序数据

目标：在“图书基本信息”表中，按出版社（升序）、类别（降序）和单价（升序）对表进行排序。

(1) 打开“图书基本信息”表后，单击“记录”→“筛选”→“高级筛选/排序”命令，打开“筛选”对话框。

(2) 在“筛选”对话框的上半部显示数据表的字段列表，从中顺序双击排序的字段，使排序字段出现在下半部的设计网格相应的列中，即第1排序字段位于第1列、第2排序字段位于第2列……。

(3) 将插入点定位在“排序”单元格中，从下拉列表框中选择“升序”或“降序”排列，如图2.79所示。

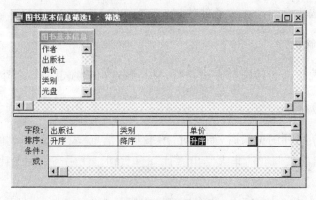

图 2.79 设置排序窗口

(4) 单击“筛选”→“应用筛选/排序”命令，则数据表会按照设置的排序方式排序记录，关闭对话框后，可以看到数据表如图2.80所示。

图书基本信息 : 表

书号	书名	作者	出版社	单价	类别	光盘	备注
7-5053-6069-6	Access 2000引导	郑小玲	电子工业出版社	¥15.00	jsj	☐	
7-5053-5574-0	中文版Access 2000宝典	Cary N.Prague	电子工业出版社	¥18.50	jsj	☑	
7-5053-5893-6	Access 2000 中文版实例与疑难解答	朱永春	电子工业出版社	¥29.00	jsj	☐	
7-5360-3359-1	昆虫记	梁守锵译	花城出版社	¥138.00	qt	☐	共10卷
7-111-07327-4	如何使用 Access 2000中文版	郭亮	机械工业出版社	¥50.00	jsj	☐	
7-5058-2275-6	看图速成学Access 2000	谭亦峰	经济科学出版社	¥30.00	jsj	☐	谭浩强主编
7-5407-3008-0	朱自清散文精选	朱自清	漓江出版社	¥9.90	qt	☐	
7-900622-59-4	Access 2000中文版使用大全	John Viescas	清华大学出版社	¥18.00	jsj	☑	
7-302-03802-3	计算机基础知识与基本操作	张玲	清华大学出版社	¥19.50	jsj	☐	谭浩强主编
7-302-10299-6	Access数据库设计开发和部署	Peter Elie Semaan	清华大学出版社	¥68.00	jsj	☑	天宏工作室译
7-5014-1579-X	机动车驾驶员交通法规与相关知识教材	陈泽民	群众出版社	¥21.00	qt	☐	
7-5077-1942-1	轻松作文	李龙文	学苑出版社	¥39.80	qt	☐	
7-81059-206-8	跟我学驾驶	武泽斌	中国人民公安大学出版社	¥32.00	qt	☐	
7-113-05431-5	Access数据库应用技术	李雁翎等	中国铁道出版社	¥23.00	jsj	☐	谭浩强主编
7-104-02318-6	假如给我三天光明	夏志强编译	中国戏剧出版社	¥16.80	qt	☐	海伦.凯特自传
*				¥0.00			

记录: 1 共有记录数: 15

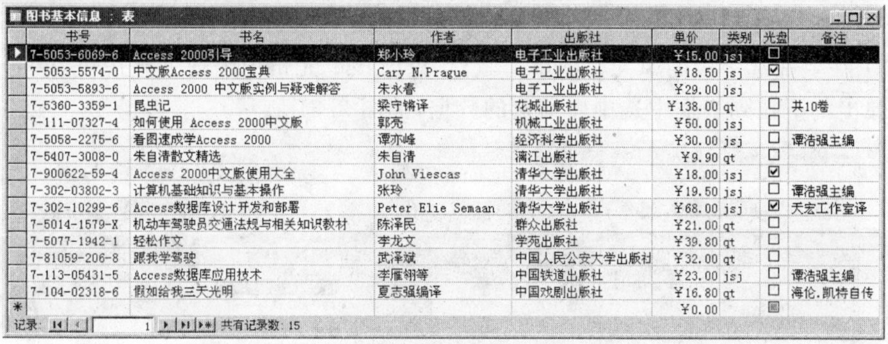

图 2.80 多字段排序样例

对记录进行排序后，单击"记录"→"取消筛选/排序"命令，可以取消所设置的排序次序。

【操作练习11】 在"职工信息"表中对"职务"字段"升序"排序。

2.3.5 筛选记录

使用数据表时，经常需要挑选出一些满足某种条件的记录查看，即所谓的筛选记录。执行筛选记录的操作时，表中只显示满足筛选条件的那些记录，而不满足筛选条件的记录将隐藏起来。筛选记录可以按指定内容筛选、按窗体筛选、内容排除筛选以及高级筛选。

1. 按窗体筛选

按窗体筛选可通过窗体选择筛选的条件。当需要按多个字段条件筛选记录时，可使用按窗体筛选。按窗体筛选时，会在每个字段中提供一个该字段中不同数据的下拉列表框，供用户选择要筛选的记录。

2. 按选定内容筛选

按选定内容筛选，是首先在记录表中选择要筛选的记录，然后执行按选定内容筛选命令即可。这种方法适合筛选一个条件的记录。

3. 内容排除筛选

该方式与按选定内容筛选的方式相反，它是筛选出除选定内容之外的所有记录。

4. 高级筛选/排序

当要筛选复杂条件的记录时，如要对"图书基本信息"表筛选出"单价"超过 15 元、"类别"为 jsj，并且"出版社"是"清华大学出版社"的记录时，使用高级筛选比较方便。

【操作实例12】 筛选数据

目标：对"图书基本信息"表，按窗体筛选出版社为"清华大学出版社"的记录；按选定内容筛选"电子工业出版社"的记录；按内容排除筛选类别不是 qt 的记录；使用高级筛选方式筛选出"单价"超过 20 元、"类别"为 jsj，并且"出版社"是清华大学出版社的记录。

（1）打开"图书基本信息"表，单击"记录"→"筛选"→"按窗体筛选"命令，或单击工具栏上的"按窗体筛选"按钮![按钮]。这时，数据表切换到按窗体筛选窗口。

（2）在要筛选字段的单元格中单击鼠标，这时该单元格中出现下拉按钮，单击下拉按钮，在弹出的下拉列表框中选中要筛选的数据，如图 2.81 所示。

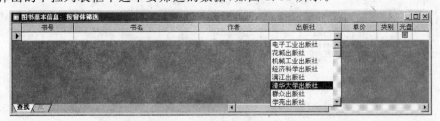

图 2.81 按窗体筛选设置窗口

(3) 设置完毕单击工具栏上的"应用筛选"按钮,筛选结果显示如图 2.82 所示。

图书基本信息 : 表

书号	书名	作者	出版社	单价	类别	光盘	备注
7-302-03802-3	计算机基础知识与基本操作	张玲	清华大学出版社	￥19.50	jsj	☐	谭浩强主编
7-900622-59-4	Access 2000中文版使用大全	John Viescas	清华大学出版社	￥18.00	jsj	☑	
7-302-10299-6	Access数据库设计开发和部署	Peter Elie Semaan	清华大学出版社	￥68.00	jsj	☑	天宏工作室译
*				￥0.00			

记录: 1 共有记录数: 3 (已筛选的)

图 2.82　按窗体筛选记录结果

(4) 单击工具栏上的"取消筛选"按钮,取消按窗体筛选记录的操作。

(5) 将插入点置于出版社为"电子工业出版社"的单元格中,然后单击"记录"→"筛选"→"按选定内容筛选"命令,筛选结果如图 2.83 所示。

图书基本信息 : 表

书号	书名	作者	出版社	单价	类别	光盘	备注
7-5053-6069-6	Access 2000引导	郑小玲	电子工业出版社	￥15.00	jsj	☐	
7-5053-5574-0	中文版Access 2000宝典	Cary N.Prague	电子工业出版社	￥18.50	jsj	☑	
7-5053-5893-6	Access 2000 中文版实例与疑难	朱永春	电子工业出版社	￥29.00	jsj	☐	
*				￥0.00			

记录: 1 共有记录数: 3 (已筛选的)

图 2.83　按选定内容筛选记录结果

(6) 单击工具栏上的"取消筛选"按钮,取消按选定内容筛选记录的操作。

(7) 将插入点置于"类别"为 qt 的单元格中,然后单击"记录"→"筛选"→"内容排除筛选"命令,筛选结果如图 2.84 所示。

图书基本信息 : 表

书号	书名	作者	出版社	单价	类别	光盘	备注
7-5053-6069-6	Access 2000引导	郑小玲	电子工业出版社	￥15.00	jsj	☐	
7-5058-2275-6	看图速成学Access 2000	谭亦峰	经济科学出版社	￥30.00	jsj	☐	谭浩强主编
7-302-03802-3	计算机基础知识与基本操作	张玲	清华大学出版社	￥19.50	jsj	☐	谭浩强主编
7-5053-5574-0	中文版Access 2000宝典	Cary N.Prague	电子工业出版社	￥18.50	jsj	☑	
7-900622-59-4	Access 2000中文版使用大全	John Viescas	清华大学出版社	￥18.00	jsj	☑	
7-5053-5893-6	Access 2000 中文版实例与疑难	朱永春	电子工业出版社	￥29.00	jsj	☐	
7-111-07327-4	如何使用 Access 2000中文版	郭亮	机械工业出版社	￥50.00	jsj	☐	
7-113-05431-5	Access数据库应用技术	李雁翎等	中国铁道出版社	￥23.00	jsj	☐	谭浩强主编
7-302-10299-6	Access数据库设计开发和部署	Peter Elie Semaan	清华大学出版社	￥68.00	jsj	☑	天宏工作室译
*				￥0.00			

记录: 1 共有记录数: 9 (已筛选的)

图 2.84　按内容排除筛选记录结果

(8) 单击工具栏上的"取消筛选"按钮,取消按内容排除筛选记录的操作。

(9) 单击"记录"→"筛选"→"高级筛选/排序"命令,打开高级筛选窗口。

(10) 在该窗口将要设置筛选条件的字段拖到下面的"字段"单元格中。

(11) 在下面的"条件"单元格中输入筛选条件,如图 2.85 所示。

(12) 单击工具栏上的"应用筛选"按钮,执行筛选操作,筛选结果如图 2.86 所示。

(13) 单击工具栏上的"取消筛选"按钮,取消按高级筛选记录的操作。

提示:有关筛选条件的设置准则可参考 3.4 节。

【操作练习 12】　在"职工信息"表中筛选"职务"为"管理人员"、性别为"女"的记录。

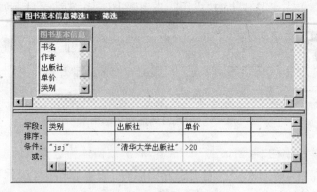

图 2.85 设置筛选条件

图 2.86 高级筛选结果

2.4 练习题

2.4.1 填空题

1. 要创建数据表结构,必须在_____视图下进行。

2. Access 支持 _____、_____、_____、_____、_____、_____、_____、_____、_____ 和_____ 10 种数据类型。

3. 文本类型数据默认的字段大小为_____。

4. 如果定义格式为"@@@-@@-@@@@",则当输入数据 465043799 时,则该字段的数据自动用_____格式显示。

5. 掩码字符 0 的意思是_____。

6. 表达式中日期常量应该包含在_____字符之内。

7. 备注类型的数据可以输入超过_____个字符的长字符串。

8. 日期的天数从_____开始计算。在该日期之前为_____。

9. 要查找"书名"字段中有"计算机"字符串,则查找内容应表示为_____。

10. 对于中文排序是按_____进行排序的,对文本类型的数字是按_____进行排序的。

11. 筛选记录可以_____不满足条件的记录。

2.4.2 选择题

1. 创建表结构时,字段说明部分_____。

    A. 必须有   B. 可有可无   C. 不能有   D. 与字段名同时有

2. 在数据表视图状态下,字段说明部分可在_____中查看。

    A. 菜单栏   B. 工具栏   C. 状态栏   D. 任务窗格

3. 文本类型的数据可以包括_____。

    A. 英文   B. 中文   C. 数字   D. 以上都包括

4. 如设置的输入掩码为"000000",则表示必须输入_____。

    A. 6个英文   B. 6个汉字   C. 6个数字   D. 3个数字

5. 掩码字符 A 表示_____。

    A. 必须输入一个字母   B. 可输入一个字母或数字

    C. 必须输入一个字母或数字   D. 必须输入一个数字

6. 设置表达式中的文本型数据,必须包括在_____字符内。

    A. ♯   B. *   C. ″   D. @

7. 整型数字类型的大小为_____字节。

    A. 1   B. 2   C. 4   D. 8

8. 日期类型的数据1998年8月10日,用短日期格式表示为_____。

    A. 1998年8月10日   B. 98-08-10

    C. 1998-8-10   D. 1998年08月10日

9. 设置1998-8-10日期格式的输入掩码应该表示为_____。

    A. 0000-99-99   B. 9999-99-99

    C. 0000-00-00   D. 9999-00-00

10. 在 Access 中可以导入_____。

    A. 其他 Access 中的数据表   B. Excel 工作表

    C. 通讯簿   D. 以上都可以

11. 要将 Access 中的数据表导出为 Excel 文件,必须在导出对话框中选择_____文件类型。

    A. .xls   B. .mdb   C. .wk3   D. .rtf

12. 要隐藏表格的某列,需要在_____菜单中进行选择。

    A. 记录   B. 格式   C. 插入   D. 工具

13. 要设置表格的网格线,需要在格式菜单中选择_____。

    A. 数据表   B. 行高   C. 列宽   D. 边框

14. 要对文本数字12、6、9升序排序,结果为_____。

    A. 6、12、9   B. 6、9、12   C. 12、9、6   D. 12、6、9

15. 要筛选单价>25的记录,该选择按_____。

    A. 选定内容筛选   B. 窗体筛选

    C. 内容排除筛选   D. 高级筛选

2.4.3 实践题

1. 在"学生管理系统"数据库中创建4个数据表,各表的结构如表2.5~表2.8所示。

表 2.5　学生表

字段名	学生 ID	姓名	性别	出生日期	政治面目	入学成绩	毕业学校	班级	照片	简历
类型	数字	文本	文本	日期/时间	文本	数字	文本	文本	OLE	备注

表 2.6　教师表

字段名	教师 ID	姓名	性别	工作时间	政治面目	学历	职称	系别	联系电话	专业特长
类型	数字	文本	文本	日期/时间	文本	文本	文本	文本	数字	文本

表 2.7　选课成绩表

字段名	选课 ID	课程 ID	学生 ID	成　绩
类型	数字	数字	数字	数字

表 2.8　课程表

字段名	课程 ID	教师 ID	课程名称	学分	选课类别
类型	数字	数字	文本	数字	文本

2. 在上面创建的表中分别输入 10 条以上的记录。

3. 将课程表导出为 Excel 工作表,并保存到个人文件夹中。

4. 在 Excel 中创建另一个班级的学生表,并将其导入"学生管理系统"数据库中。

5. 将"学生表"按"入学成绩"降序排序。

6. 筛选"学生表"中 1980 年以前出生,且入学成绩超过 600 分的女同学记录。

第3章

查询

有了数据表,就可以在此基础上获取所需要的数据信息,以便对这些数据进行各种分析和处理,例如,查询某月书籍的销售情况、库存等。Access 的查询功能,可以从一张或多张表(包括数据表和查询表)中抽取有用数据,生成新的表,以便对这些数据进行保存、查看、修改、打印和分析等操作。用户可以将建立好的查询作为一个窗体、报表或另一个查询的基础。另外,查询表会随着数据表中数据的更改而自动更新相应的数据。查询功能是数据库最主要的应用之一。

3.1 查询概述

设计查询就是告诉 Access 需要检索哪些数据。根据用户设计的查询条件生成查询结果。数据库中的查询,仅保存查询条件,不是查询结果。因此查询结果会因数据表中的记录改变而改变。

查询的类型包括:

- 选择查询。选择查询是从一张或多张表中检索数据,并且在可以更新记录的数据表中显示结果。可以使用选择查询对记录进行分组、计算总计、平均值等。
- 参数查询。参数查询是在执行时显示对话框,通过用户输入的信息作为查询的一个条件来生成查询表。此方式的查询比较灵活,作为窗体和报表的基础很方便。
- 交叉表查询。此种查询方式是将表中数据分组,一组作为数据表的左侧,另一组作为数据表的上部,表中显示某个字段的总计、平均值等。
- 操作查询。操作查询是通过使用一个操作来更改数据表的多条记录。包括生成、更新、追加、生成表查询。此种查询适合于对数据表大批量的数据修改需要。
- SQL 查询。SQL 即结构化查询语言,是关系型数据库的应用语言。Access 中的所有查询都可以认为是一个 SQL 查询。

查询有 5 种视图:设计视图、数据表视图、SQL 视图、数据透视表视图和数据透视图视图。

在 Access 中将查询与数据表作为同类型的对象,因此,一个数据库中的数据表与查询表的名称不能相同。另外,查询表和数据表都可作为生成记录至窗体、报表、数据页等对象的数据来源。

3.2 确定表之间的关系

要通过多个数据表中的数据生成查询表,需要将数据表中的相关信息联系起来,即建立表与表之间的关系。

表与表之间的关系可以分为一对一、一对多和多对多关系。

- 一对一关系是指表 A 中的一个记录与表 B 的一个记录相匹配、且表 B 中的一个记录也与表 A 的一个记录相匹配。
- 一对多关系是指表 A 中的一个记录与表 B 的多个记录相匹配、且表 B 中的一个记录与表 A 的一个记录相匹配。
- 多对多关系是指表 A 中的多个记录与表 B 的多个记录相匹配、且表 B 中的多个记录也与表 A 的多个记录相匹配。

在 Access 中,表之间的关系一般可以通过合并或拆分定义为一对多的关系。

表之间的关系最好在输入记录前创建,因为如果需要创建较严格条件的关系,已经输入记录的话,则可能无法建立关系。另外,建立关系双方的字段的数据类型必须相同,但名称可以不同。

【操作实例 1】 建立表之间的关系

目标:对"书店管理"数据库中的数据表创建关系。

(1) 打开"书店管理"数据库,并关闭所有的数据表。

(2) 单击工具栏上的"关系"按钮 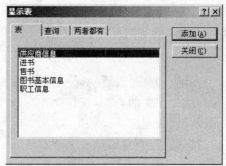,打开如图 3.1 所示的"显示表"对话框。

图 3.1 "显示表"对话框

(3) 按 Shift 键选中其中所有的表,然后单击"添加"按钮,打开如图 3.2 所示的"关系"对话框。

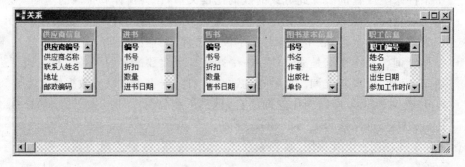

图 3.2 "关系"对话框

(4) 关闭"显示表"对话框。

（5）根据如图1.5所示的关系图创建表之间的关系。方法是将表中要建立关系的一个字段拖到其他表中要与其建立关系的字段，如将表"图书基本信息"的"书号"字段，拖到"进书"表的"书号"字段。

（6）这时会打开"编辑关系"对话框。（注意：由于"图书基本信息"表的"书号"字段设置了主键，而"进书"的"书号"字段没有设置为主键，因此，它们的关系为一对多。）

（7）为保证"进书"表中不会出现"图书基本信息"表中没有的书号，选中"实施参照完整性"选项，如图3.3所示。

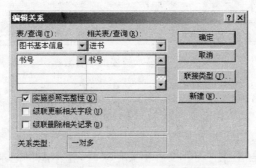

图3.3　"编辑关系"对话框

（8）单击"创建"按钮，在"关系"对话框中建立两个表之间的关系连线。

（9）用同样的方法创建表之间的关系，如图3.4所示。

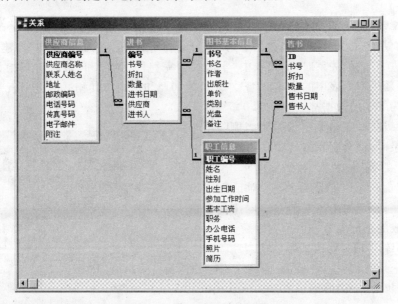

图3.4　建立关系的数据表

（10）单击工具栏中的"保存"按钮，保存创建的关系后，关闭"关系"对话框。

（11）建立关系后，打开一个父表，如"供应商信息"表，可以看到在最左列添加的带有"＋"的新列。单击其中的每个加号，可以显示与其相联子表（如进书表）的记录，如图3.5所示。

建立了关系后，如果要编辑关系，可双击关系连线，打开"编辑关系"对话框，在该对话

供应商编号	供应商名称	联系人姓名	地址	邮政编码	电话号码	传真号码	电子邮件
001	清华大学出版社	土育宏	北京双清路学研大厦A座5-7层	100084	010-6277986	010-6278654	qhdx@263.net

	编号	书号	折扣	数量	进书日期	进书人
		7-302-10299-6	0.75	50	2006-4-7	010
	4	7-900622-59-4	0.68	80	2006-4-16	013
		7-302-03802-3	0.65	100	2006-4-23	013
	11	7-302-10299-6	0.68	40	2006-4-25	006
	20	7-900622-59-4	0.70	20	2006-5-19	006
	(自动编号)					

供应商编号	供应商名称	联系人姓名	地址	邮政编码	电话号码	传真号码	电子邮件
002	中国铁道出版社	黄勤	北京右安门西街8号	100054	010-63560056	010-8352986	zgtd@263.net
003	机械工业出版社	张寻	北京百万庄南街1号	100037	010-68995259	010-6899526	jxgy@263.net
004	电子工业出版社	李克强	北京万寿路173信箱	100036	010-88258888	010-8825439	dzgy@263.net
005	中国戏剧出版社	许丽丽	北京紫竹院路116号	100089	010-84000250	010-8400250	zgxj@263.net
006	群众出版社	辛醅	北京方庄芳星园3区15号楼	100054	010-86768095	010-8676809	qz@263.net
007	经济科学出版社	寿金	北京市海淀区阜成路甲28号新知大	100036	010-88190125	010-8819129	jjkx@263.net
008	学苑出版社	方会	北京市丰台区南方庄2号院1号楼	100078	010-67601101	010-6760110	xy@263.net
009	花城出版社	孟紫	广州环市东水荫路11号	510075	020-83796512	020-8379651	hc@263.net
010	漓江出版社北京出版中心	史响玉	北京市朝阳区建国路88号现代城6	100022	010-85893475	010-8589346	1j@263.net
011	中国人民公安大学出版	徐信育	北京西城区木樨地南里甲一号	100038	010-63486364	010-6348636	zgrmgadx@263.

记录: |◄ ◄ 1 ► ►| ►* 共有记录数: 5

图 3.5 显示链接的子表数据

框中重新设置即可。

如果要删除关系,可选中关系连线后,按 Delete 键。

为了在定义两个表之间的关系时,有助于数据的完整性,应该遵循参照完整性准则。所谓参照完整性准则是指当主表中没有相关记录时,就不能将记录添加到相关表中,也不能在相关表中存在匹配的记录时删除主表中的记录,更不能在相关的表中有相关记录时更改主表中的主关键字值。

选择了"实施参照完整性"选项后,还可以选择"级联更新相关字段"和"级联删除相关记录"。

选中"级联更新相关字段"选项,则在"父"表(一对多关系中的"一")中更改某个主键值,则自动更新"子"表(一对多关系中的"多")中的所有外部键值。例如,当建立"供应商信息"和"进书"表的关系时,如果选中"实施参照完整性"选项和"级联更新相关字段"选项,则当更新供应商表中的供应商编号"001"为"015"时,则与其相联的进书表中供应商中所有编号为 001 的数据都会更新为 015。

选中"级联删除相关记录",则当删除某个"父"行记录时,就会删除与其相联的子行。

另外,在"编辑关系"对话框中单击"联接属性"按钮,在打开的"联接属性"对话框中设置链接哪些记录,如图 3.6 所示。联接属性也是影响生成的查询表的一个重要因素。

图 3.6 "联接属性"对话框

【操作练习1】 修改关系使得当删除某个供应商的记录时,会在"进书"表中删除相应的记录。然后在"图书基本信息"表中查看与其相联的"售书"子表的记录数据。

3.3 创建查询

创建查询可以使用查询向导,也可以在设计视图中由用户指定查询条件。可以对单表创建查询,也可以对多表创建查询。要创建查询,在数据库窗口中的对象列表中选择

"查询"对象,如图 3.7 所示。

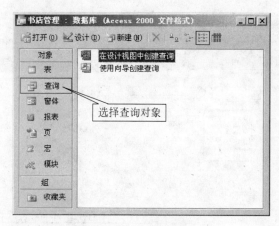

图 3.7　查询对象

3.3.1　使用向导创建单表查询

单表查询是指对单个表中的数据创建查询表。例如,可通过"图书基本信息"数据表创建只包括"书名"、"作者"、"单价"字段的查询表,或者生成出版社为清华大学出版社的查询表。

【操作实例 2】　使用向导创建单表查询

目标:对"图书基本信息"表,使用向导创建关于"书名"、"作者"、"单价"字段的名称为"书价查询"的查询表。

(1) 在"书店管理"数据库窗口选择"查询"对象,如图 3.7 所示。

(2) 双击"使用向导创建查询"选项,打开"简单查询向导"对话框。

(3) 在"表/查询"下拉列表框中选择要创建查询的表,如"图书基本信息",然后在下面的"可用字段"列表框中双击要生成查询表的字段,如"书名"、"作者"、"单价",使这些字段显示在"选定的字段"列表框中,如图 3.8 所示。

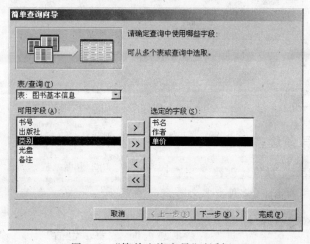

图 3.8　"简单查询向导"对话框 1

（4）单击"下一步"按钮，在接下来的对话框中选择"明细"单选按钮，如图3.9所示。

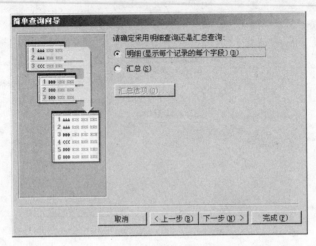

图3.9　"简单查询向导"对话框2

（5）单击"下一步"按钮，在接下来的对话框中设置查询表的名称，如"书价查询"，如图3.10所示。

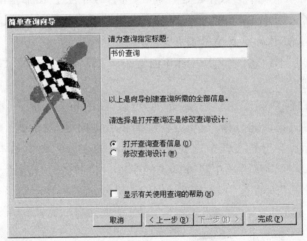

图3.10　"简单查询向导"对话框3

（6）单击"完成"按钮，生成的查询表如图3.11所示。

【操作练习2】　创建有关供应商的名称和联系电话的查询表。

3.3.2　使用向导创建多表查询

使用向导可以非常方便地创建多表查询。

【操作实例3】　使用向导创建多表查询

目标：使用向导对"图书基本信息"表和"进书"表，创建对每本书进书的数量汇总、折扣求平均值的查询表，名字为"进书数量汇总查询"。要求包括"书号"、"书名"、"出版社"、"单价"、"折扣"、"数量"字段。

书名	作者	单价
▶ 假如给我三天光明	夏志强编译	￥16.80
如何使用 Access 2000中文版	郭亮	￥50.00
Access数据库应用技术	李雁翎等	￥23.00
计算机基础知识与基本操作	张玲	￥19.50
Access数据库设计开发和部署	Peter Elie Semaan	￥68.00
机动车驾驶员交通法规与相关知识教材	陈泽民	￥21.00
中文版Access 2000宝典	Cary N.Prague	￥18.50
Access 2000 中文版实例与疑难解答	朱永春	￥29.00
Access 2000引导	郑小玲	￥15.00
看图速成学Access 2000	谭亦峰	￥30.00
轻松作文	李龙文	￥39.80
昆虫记	梁守锵译	￥138.00
朱自清散文精选	朱自清	￥9.90
跟我学驾驶	武泽斌	￥32.00
Access 2000中文版使用大全	John Viescas	￥18.00
*		￥0.00

记录: ◀◀ ◀ 1 ▶ ▶▶ ▶* 共有记录数: 15

图 3.11　由单表生成的查询表

（1）在"书店管理"数据库窗口的"查询"对象状态下，双击"使用向导创建查询"选项，打开"简单查询向导"对话框。

（2）在"表/查询"下拉列表框中选择要创建查询的表，如"图书基本信息"，然后在下面的"可用字段"列表框中双击要生成查询表的字段，如"书名"、"书号"、"出版社"、"单价"，使这些字段显示在"选定的字段"列表框中。

（3）在"表/查询"下拉列表框中继续选择要创建查询的表，如"进书"，然后在下面的"可用字段"列表框中双击要生成查询表的字段，如"数量"、"折扣"，使这些字段显示在"选定的字段"列表框中，如图 3.12 所示。

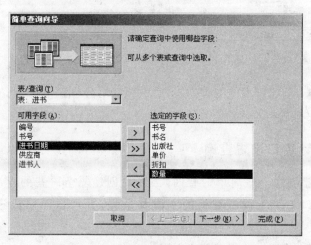

图 3.12　由多表选择的字段

（4）单击"下一步"按钮，在接下来的对话框中选择"汇总"选项后，单击"汇总选项"按钮，在打开的对话框（如图 3.13 所示）中设置其中的选项，并单击"确定"按钮。

（5）单击"下一步"按钮，在接下来的对话框中设置查询表的名称，如"进书数量汇总查询"。

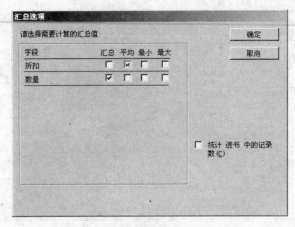

图 3.13　"汇总选项"对话框

（6）单击"完成"按钮，生成的查询表如图 3.14 所示。

书号	书名	出版社	单价	折扣 之 平均值	数量 之 总计
7-104-02318-6	假如给我三天光明	中国戏剧出版社	￥16.80	0.70	10
7-111-07327-4	如何使用 Access 2000中文版	机械工业出版社	￥50.00	0.70	60
7-113-05431-5	Access数据库应用技术	中国铁道出版社	￥23.00	0.68	40
7-302-03802-3	计算机基础知识与基本操作	清华大学出版社	￥19.50	0.65	100
7-302-10299-6	Access数据库设计开发和部署	清华大学出版社	￥68.00	0.72	90
7-5014-1579-X	机动车驾驶员交通法规与相关知识教材	群众出版社	￥21.00	0.70	10
7-5053-5574-0	中文版Access 2000宝典	电子工业出版社	￥18.50	0.72	100
7-5053-5893-6	Access 2000 中文版实例与疑难解答	电子工业出版社	￥29.00	0.75	10
7-5053-6069-6	Access 2000引导	电子工业出版社	￥15.00	0.67	120
7-5058-2275-6	看图速成学Access 2000	经济科学出版社	￥30.00	0.75	60
7-5077-1942-1	轻松作文	学苑出版社	￥39.80	0.70	20
7-5360-3359-1	昆虫记	花城出版社	￥138.00	0.68	30
7-5407-3008-0	朱自清散文精选	漓江出版社	￥9.90	0.70	30
7-81059-206-8	跟我学驾驶	中国人民公安大学出版社	￥32.00	0.70	15
7-900622-59-4	Access 2000中文版使用大全	清华大学出版社	￥18.00	0.69	100

记录: 14 ◀ 1 ▶ ▶1 ▶* 共有记录数: 15

图 3.14　由多表生成的汇总查询表

【操作练习 3】　创建售书明细查询表，要求包括书号、书名、单价、折扣、数量、售书日期字段。最后对书号进行排序。

3.3.3　使用设计窗口设置查询

使用向导只能创建一些简单的查询，当需要创建复杂一些的查询时，就需要在查询的设计视图窗口中手工设置查询的字段和条件，并可以对字段进行计算、统计分析等。

【操作实例 4】　使用设计视图创建查询

目标：通过设计视图创建"进书明细查询"表，要求包括"书号"、"书名"、"单价"、"折扣"和"数量"字段。要求按"书号"字段排序。

（1）在如图 3.7 所示的查询对象窗口中，双击"在设计视图中创建查询"选项，打开如图 3.15 所示的"查询设计"窗口和"显示表"对话框。

（2）在"显示表"对话框中的"表"选项卡中，双击要创建查询的数据表，如"图书基本

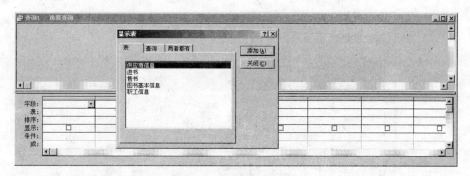

图 3.15　查询设置窗口

信息"和"进书",将其添加到查询设置窗口中。

（3）单击"关闭"按钮,关闭"显示表"对话框。

（4）在"查询设置"窗口中,双击或从表中拖动创建查询表所需的字段,使这些字段出现在相应的"字段"单元格中。

（5）在下面的"显示"设置单元格中选择是否显示该字段。

（6）在"排序"行,选中"书号"字段,并在弹出的下拉列表框中选择"降序"排序,如图 3.16 所示。

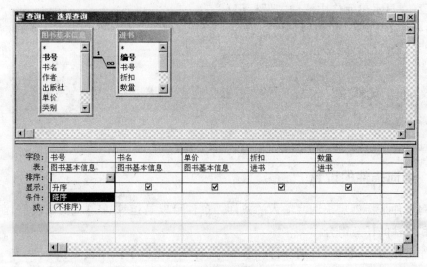

图 3.16　查询设置

（7）设置完毕单击工具栏上的"运行"按钮 ❗ ,生成的查询表如图 3.17 所示。

（8）关闭该窗口,并在弹出的提示框中单击"是"按钮,然后在继续弹出的"另存为"对话框中设置查询表的名称为"进书明细查询"。

注意:生成的查询表自动切换到数据表视图,如果要修改查询表,可以将窗口切换到设计视图状态。

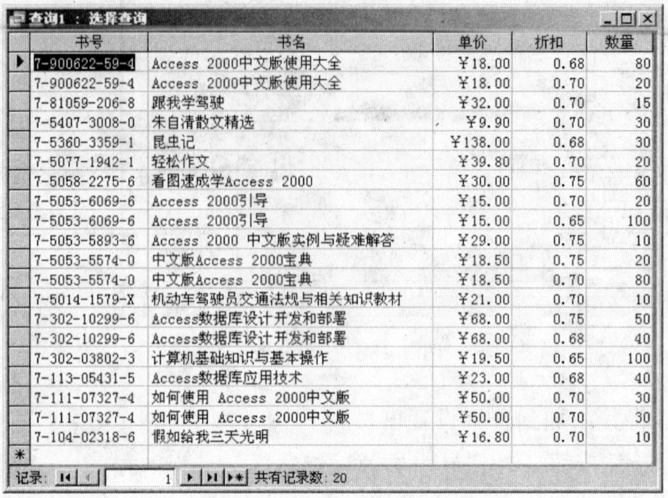

查询1 : 选择查询

书号	书名	单价	折扣	数量
7-900622-59-4	Access 2000中文版使用大全	￥18.00	0.68	80
7-900622-59-4	Access 2000中文版使用大全	￥18.00	0.70	20
7-81059-206-8	跟我学驾驶	￥32.00	0.70	15
7-5407-3008-0	朱自清散文精选	￥9.90	0.70	30
7-5360-3359-1	昆虫记	￥138.00	0.68	30
7-5077-1942-1	轻松作文	￥39.80	0.70	20
7-5058-2275-6	看图速成学Access 2000	￥30.00	0.75	60
7-5053-6069-6	Access 2000引导	￥15.00	0.70	20
7-5053-6069-6	Access 2000引导	￥15.00	0.65	100
7-5053-5893-6	Access 2000 中文版实例与疑难解答	￥29.00	0.75	10
7-5053-5574-0	中文版Access 2000宝典	￥18.50	0.75	20
7-5053-5574-0	中文版Access 2000宝典	￥18.50	0.70	80
7-5014-1579-X	机动车驾驶员交通法规与相关知识教材	￥21.00	0.70	10
7-302-10299-6	Access数据库设计开发和部署	￥68.00	0.75	50
7-302-10299-6	Access数据库设计开发和部署	￥68.00	0.68	40
7-302-03802-3	计算机基础知识与基本操作	￥19.50	0.65	100
7-113-05431-5	Access数据库应用技术	￥23.00	0.68	40
7-111-07327-4	如何使用 Access 2000中文版	￥50.00	0.70	30
7-111-07327-4	如何使用 Access 2000中文版	￥50.00	0.70	30
7-104-02318-6	假如给我三天光明	￥16.80	0.70	10

记录: 1 共有记录数: 20

图 3.17 生成的查询表

如果需要保留该查询表，单击“保存”按钮，在弹出的“另存为”对话框中为其命名。这时，在数据库对话框的“查询”对象列表框中会看到保存的查询表。

对于创建的查询，还可以在设计视图中进行修改，如插入新的字段、改变字段的位置、隐藏字段(在显示单元格中清除“√”标记)等。

【操作练习 4】 使用设计视图通过职工信息表创建按职务排序的“职工职务工资”查询表，要求包括姓名、职务和基本工资字段。

3.4 创建条件查询

通过对查询条件的设置，可以生成各种复杂的查询。

3.4.1 查询条件的设置

查询条件是指创建查询时输入的条件。条件可以是运算符、常量、字段值、函数以及字段名和属性的任意组合。

条件可在文本、数字、日期/时间、备注、是否等类型的字段中设置。

如果在查询中要设置多个条件，条件与条件间的关系可以是 And 或 Or。用 And 连接的条件为前、后的条件必须同时具备，用 Or 连接的条件为只要具备前面的条件或后面的条件即可。

条件的表达式可以包括各种算术运算符、关系运算符、逻辑运算符、函数和特殊运算符。特殊运算符见表 3.1。

注意：条件中的字段名必须用方括号括起来。窗体或表对象在后面加感叹号“!”。

表 3.1　特殊运算符及其含义

特殊运算符	说　明	举　例	举例说明
In	用于指定一个字段值的列表	In（"电子工业出版社","清华大学出版社"）等价于"电子工业出版社"OR"清华大学出版社"	表示查询电子工业出版社或清华大学出版社的记录
Between And	用于指定一个字段的范围	Between ♯ 2000-01-01 ♯ And ♯ 2001-02-30 ♯	查询 2000 年 1 月 1 日到 2001 年 2 月 30 日的记录
		Between Date() And Date()-20	查询前 20 天内的记录
Is Like Is Not Like	用于查找类似文本字段的字符模式	Is Like "电子 *" Is Not Like "电子 *"	查询开头为"电子"的记录 查询开头不为"电子"的记录
&	连接字符串	"电子"&"清华"	电子清华
Is Null Is Not Null	空记录的查找	Is Null Is Not Null	查找空记录 查找非空记录

3.4.2　创建文本条件的查询

在查询条件的设置中,要输入文本类型数据的条件,可以直接输入文本值,如在准则单元格中输入:"＝"男""、"＝男"、""男""、"男"的效果是相同的。

【操作实例 5】　设置文本查询条件

目标：通过设计视图创建"清华出版社进书"查询,要求包括"书号"、"书名"、"出版社"、"单价"、"折扣"和"数量"字段。要求设置的查询条件为出版社是"清华大学出版社"的记录。

(1) 打开"查询设计"窗口,并选择"图书基本信息"和"进书"表。

(2) 在"查询设计"窗口中,双击或从表中拖动创建查询表所需的字段,使这些字段出现在相应的"字段"单元格中。

(3) 在"出版社"字段的"条件"单元格中输入查询的条件"清华大学出版社"。单击其他单元格时,会为设置的文本条件自动添加双引号,如图 3.18 所示。

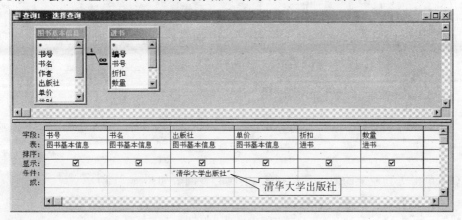

图 3.18　文本条件查询设置

(4) 设置完毕单击工具栏上的"运行"按钮 ![运行按钮]，生成的查询表如图 3.19 所示。

书号	书名	出版社	单价	折扣	数量
7-302-03802-3	计算机基础知识与基本操作	清华大学出版社	¥19.50	0.65	100
7-900622-59-4	Access 2000中文版使用大全	清华大学出版社	¥18.00	0.80	80
7-900622-59-4	Access 2000中文版使用大全	清华大学出版社	¥18.00	0.70	20
7-302-10299-6	Access数据库设计开发和部署	清华大学出版社	¥68.00	0.75	50
7-302-10299-6	Access数据库设计开发和部署	清华大学出版社	¥68.00	0.68	40

记录：｜◄ ◄　　　1　► ►｜ ►＊ 共有记录数：5

图 3.19　生成的查询表

(5) 关闭该窗口，并在弹出的另存为对话框中设置查询表的名称为"清华出版社进书"。

【操作练习 5】　使用设计视图创建电子工业出版社和机械工业出版社的进书查询表，要求按出版社升序排序，名字为"电子和机械进书"。

3.4.3　创建模糊查询

在条件中可使用通配符＊，创建模糊查询，例如，要查询书名中有 Access 字符串的进书记录，可以将书名设置条件为"＊Access＊"。

【操作实例 6】　设置模糊查询条件

目标：通过设计视图创建"Access 进书"查询表，要求包括"书号"、"书名"、"单价"、"折扣"和"数量"字段。要求设置的查询条件为书名中有"Access"字符串的记录。

(1) 在查询设计视图窗口中，添加"图书基本信息"和"进书"表。

(2) 在"书号"的条件行对应的单元格中输入模糊查询条件"＊Access＊"(不用输入括号)，输入完毕系统会自动将输入的条件转换为"Like ″＊Access＊″"，如图 3.20 所示。

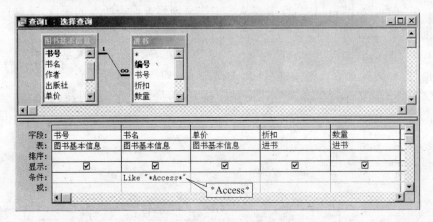

图 3.20　模糊查询设置

(3) 单击工具栏上的"运行"按钮 ![运行按钮]，生成的查询表如图 3.21 所示。

(4) 将查询表保存为"Access 进书"。

【操作练习 6】　对"职工信息表"创建姓为"张"的记录查询表。

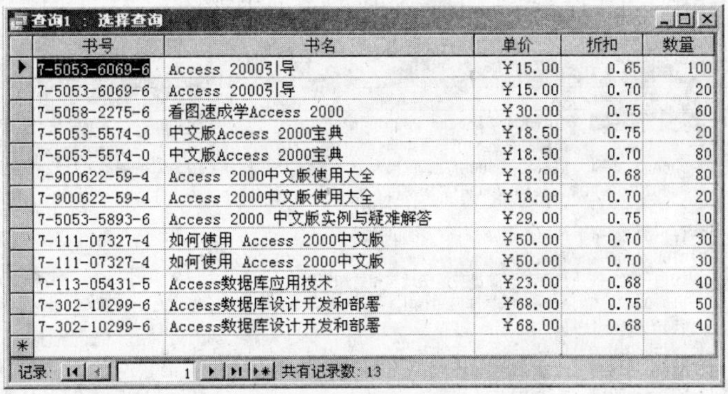

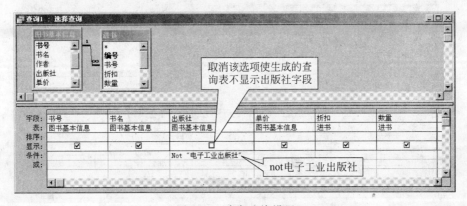

图 3.21　生成的模糊查询表

3.4.4　在查询中使用布尔逻辑

在查询中设置的条件可以使用布尔逻辑。布尔逻辑使用 3 个布尔操作符：NOT、AND 和 OR，它们使用的规则如表 3.2 所示，目前已被众多的数据库查询语言（如 SQL）使用。

表 3.2　布尔操作符

运算符	含　义	优先级	举　例	结　果
Not	非（取反）	1	Not（"H"="h"）	True
And	与（都为真则结果为真、否则为假）	2	（5＞7）And（9＞5）	False
Or	或（有一个为真即为真）	3	（5＞7）Or（9＞5）	True

【操作实例 7】　设置布尔查询条件

目标：创建"非电子工业出版社进书"查询表，要求包括"书号"、"书名"、"单价"、"折扣"和"数量"字段。名字为"非电子社进书"。

（1）在查询设计视图窗口中，设置查询条件"not 电子工业出版社"，如图 3.22 所示。

图 3.22　布尔查询设置

（2）单击工具栏上的"运行"按钮 ，生成的查询表如图3.23所示。

	书号	书名	单价	折扣	数量
▶	7-5058-2275-6	看图速成学Access 2000	￥30.00	0.75	60
	7-302-03802-3	计算机基础知识与基本操作	￥19.50	0.65	100
	7-900622-59-4	Access 2000中文版使用大全	￥18.00	0.68	80
	7-900622-59-4	Access 2000中文版使用大全	￥18.00	0.70	20
	7-111-07327-4	如何使用 Access 2000中文版	￥50.00	0.70	30
	7-111-07327-4	如何使用 Access 2000中文版	￥50.00	0.70	30
	7-81059-206-8	跟我学驾驶	￥32.00	0.70	15
	7-5014-1579-X	机动车驾驶员交通法规与相关知识教材	￥21.00	0.70	10
	7-113-05431-5	Access数据库应用技术	￥23.00	0.68	40
	7-5360-3359-1	昆虫记	￥138.00	0.68	30
	7-104-02318-6	假如给我三天光明	￥16.80	0.70	10
	7-5407-3008-0	朱自清散文精选	￥9.90	0.70	30
	7-5077-1942-1	轻松作文	￥39.80	0.70	20
	7-302-10299-6	Access数据库设计开发和部署	￥68.00	0.75	50
	7-302-10299-6	Access数据库设计开发和部署	￥68.00	0.68	40

记录：|◀ ◀ | 1 | ▶ |▶| |▶* 共有记录数: 15

图3.23 布尔查询结果

（3）将查询表保存为"非电子社进书"。

【操作练习7】 创建供应商编号分别是004和005进书的查询表。要求包括供应商编号、供应商名称、书号、折扣、数量字段。

3.4.5 数值条件的设置

设置数值类型数据的条件时,可使用算术运算符和比较运算符以及布尔运算符直接输入表达式。

【操作实例8】 数值条件的设置

目标：创建基本工资在1200元～1500元之间的职工查询。要求包括"姓名"、"性别"、"职务"和"基本工资"字段。保存为"1200到1500的职工工资"查询。

（1）在"查询设计"窗口中,设置查询条件">＝1200 and ＜＝1500",如图3.24所示。

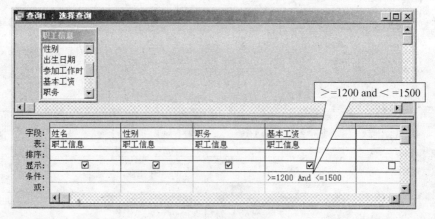

图3.24 设置数值条件

· 68 ·

（2）设置完毕单击工具栏上的"运行"按钮 ▮，生成的查询表如图 3.25 所示。

（3）设置查询表的名称为"1200 到 1500 的职工工资"。

【操作练习 8】 创建职工基本工资超过 1500 元或低于 1300 元职工的查询表。要求包括职工的"姓名"和"基本工资"字段。

3.4.6 日期/时间条件的设置

姓名	性别	职务	基本工资
王新	女	部门经理	1,500.00
周贡	男	管理人员	1,200.00
吕宏	男	管理人员	1,200.00
孙雪	女	管理人员	1,200.00
王信玉	男	部门经理	1,500.00
张刚	男	采购人员	1,500.00
刘健	男	管理人员	1,400.00
张广	男	销售人员	1,300.00
许莉莉	女	部门经理	1,500.00
范济	女	管理人员	1,200.00
*	男		0.00

图 3.25　生成的数值条件查询表

当输入日期和时间条件的设置时，需要使用"＃"将日期括起来，如"＃98-09-23＃"。在某个时间段用 Between … And 表示，如在 1970 年到 1980 年之间，则应表示为 Between ＃1970-1-1＃ And ＃1979-12-31＃。如果要表示"1980 年之前"，则应表示为"＜＃1980-1-1＃"。

【操作实例 9】 日期和时间条件的设置

目标： 创建 20 世纪 70 年代出生的职工查询。要求包括"姓名"、"出生日期"和"基本工资"字段。保存为"70 年代出生的职工工资"查询。

（1）在"查询设计"窗口中，输入查询条件"Between ＃1970-1-1＃ And ＃1979-12-31＃"，如图 3.26 所示。

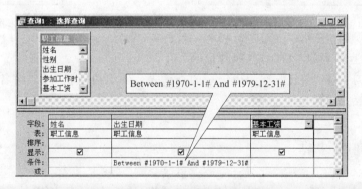

图 3.26　日期/时间查询条件的设计

姓名	出生日期	基本工资
王新	1970-9-18	1,500.00
周贡	1977-8-12	1,200.00
孟存	1978-9-25	1,600.00
孙序	970-12-29	1,000.00
王信玉	1970-9-11	1,500.00
刘健	1970-9-18	1,400.00
张广	1978-9-9	1,300.00
许莉莉	1975-9-5	1,500.00
范济	1975-4-15	1,200.00
刘利	1978-6-11	1,000.00
		0.00

图 3.27　生成的日期/时间查询表

（2）设置完毕单击工具栏上的"运行"按钮 ▮，生成的查询表如图 3.27 所示。

（3）设置查询表的名称为"70 年代出生的职工工资"。

【操作练习 9】 创建职工 2004 年以后参加工作人员的查询表。要求包括职工的"姓名"、"参加工作时间"和"基本工资"字段。

3.4.7 空记录条件的设置

当需要对空记录进行查询时,需要使用输入条件"Is Null"。用户可只输入 Null 即可。条件"Is Not Null"为非空记录。

【操作实例 10】 空记录条件的设置

目标:创建"职工空照片"记录的查询。要求包括"姓名"和"照片"字段。保存为"空照片记录"查询。

(1) 在"查询设计"窗口中,设置查询条件 null,如图 3.28 所示。

(2) 设置完毕单击工具栏上的"运行"按钮 ,生成的查询表如图 3.29 所示。

图 3.28 设置空记录的条件

图 3.29 生成的空记录查询表

(3) 设置查询表的名称为"空照片记录"。

【操作练习 10】 创建非空简历记录的查询表。要求包括职工的"姓名"和"简历"字段。名称为"添加了简历的记录"。

3.5 查询的计算

在建立查询时,有时需要对查询结果进行计算,如汇总、求平均值、计数、求最大值等。例如,可创建各本书的出库数量汇总,计算每本书的库存,总销售额和利润等查询表。

3.5.1 在设计视图中设置计算

有时需要对数据库的数据进行分组字段的总计、求平均数等计算,如统计每个职务的总工资、平均工资等。这时可在设计视图中单击工具栏中的"总计"按钮 Σ,在设计视图中添加总计行后,再进行相应的设置。对于生成计算结果的列,系统会在原字段名后自动添加"之计算",如选择对基本工资求总计计算后,生成的查询表中名称用"基本工资之总计"。如果不使用默认的名称,可在原字段前输入新名称,并用":"分隔。例如,对于基本工资求总计后的字段要用总工资作为字段名称,可表示为"总工资:基本工资"。

【操作实例 11】 计算查询

目标：创建对职工信息表中每个职务的总工资和平均工资的查询。要求包括"职务"、"总工资"和"平均工资"字段。名称为"职务工资统计"。

(1) 打开查询设计视图，并添加"职工信息"表。

(2) 添加 1 个"职务"字段和 2 个"基本工资"字段。

(3) 单击工具栏中的"总计"按钮 Σ，在设计视图中添加总计行，如图 3.30 所示。

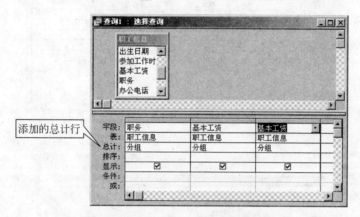

图 3.30 在查询设计窗口添加总计行

(4) 修改第 1 个"基本工资"字段名为"总工资：基本工资"。然后单击该列对应的总计单元格，使该单元格出现下拉按钮。单击下拉按钮，在弹出的下拉列表框中选择"总计"，如图 3.31 所示。

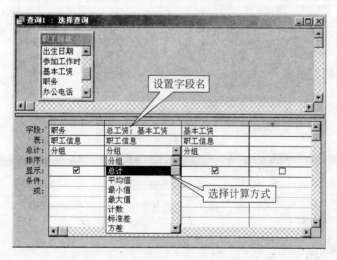

图 3.31 设置总工资的计算字段

(5) 修改第 2 个"基本工资"字段为"平均工资：基本工资"。然后将该列对应的总计单元格选择为"平均值"，如图 3.32 所示。

(6) 插入点置于平均工资字段后，单击工具栏中的"属性"按钮，打开属性窗口后，将平均工资字段的格式设置为"固定"，如图 3.33 所示。关闭属性窗口。

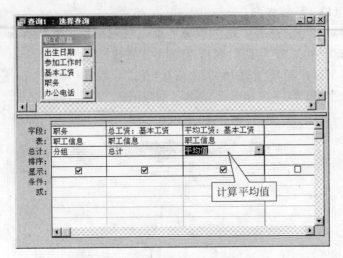

图 3.32　设置平均工资的计算字段

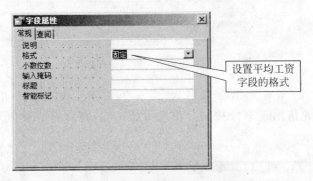

图 3.33　设置平均工资字段的属性

（7）切换到数据视图，生成的查询结果如图 3.34 所示。

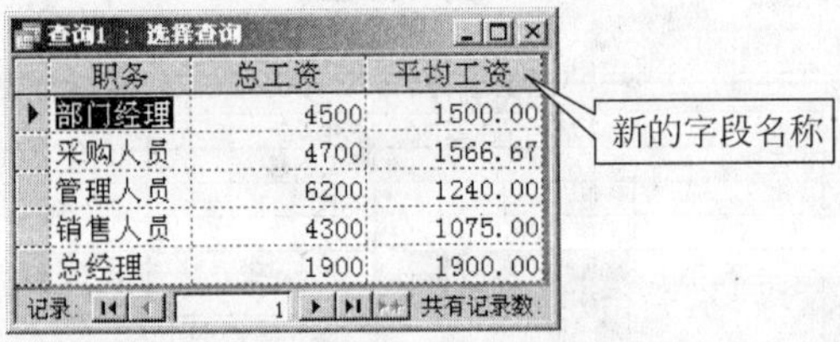

图 3.34　生成的计算查询结果

（8）将该查询保存为"职务工资统计"。

【操作练习 11】　创建统计男、女职工人数的查询表，名字为"男女职工人数"。

3.5.2　生成新字段的计算

在查询时，有时需要通过计算生成新字段，例如，要根据单价、折扣和数量计算销售额。其中的表达式可直接在设计窗口的字段名单元格中输入，也可以通过表达式生成器进行设置。注意表达式中字段名和公式之间用“：”分隔。

【操作实例 12】 进行销售额汇总查询

目标：创建每次售书的“售书销售额明细”查询，要求包括“书号”、“书名”、“单价”、“折扣”、“数量”和“销售额”字段。

（1）在查询的设计视图中，选择“图书基本信息”和“售书”表。

（2）添加“书号”、“书名”、“单价”、“折扣”和“数量”字段。

（3）为了创建“销售额”字段，将插入点置于“数量”字段右面的单元格后，单击工具栏中的“生成器” 按钮，打开“表达式生成器”对话框。

（4）在“表达式生成器”对话框中，输入“销售额：＝”。并在下面的左侧列表框中双击“表”对象，并在展开的表对象中双击“图书基本信息”。在中间的列表框中双击“单价”字段后，在上面的公式输入区会显示“销售额：＝［图书基本信息］！［单价］”。

（5）单击“＊”按钮，插入一个乘号。

（6）选择表对象为“售书”，并在中间的列表框中双击“折扣”字段。

（7）单击“＊”按钮，然后双击中间列表框中的“数量”字段，这时的公式如图 3.35 所示。

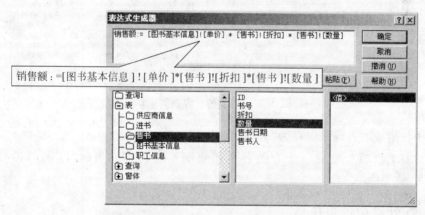

图 3.35 在表达式生成器对话框中设置公式

（8）单击“确定”按钮，将公式添加到设计视图的单元格中。

（9）选中该字段的“显示”选项，如图 3.36 所示。

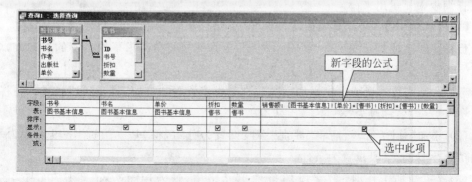

图 3.36 设置新字段

（10）将插入点置于"销售额"单元格后，单击工具栏中的"属性"按钮⚙，在打开的"字段属性"对话框中，将"格式"属性设置为"货币"。关闭"字段属性"对话框。

（11）切换到数据视图状态，生成的查询表如图 3.37 所示。

生成的新字段

书号	书名	单价	折扣	数量	销售额
7-111-07327-4	如何使用 Access 2000中文版	¥50.00	0.90	10	¥450.00
7-302-10299-6	Access数据库设计开发和部署	¥68.00	0.95	20	¥1,292.00
7-5053-6069-6	Access 2000引导	¥15.00	0.85	60	¥765.00
7-900622-59-4	Access 2000中文版使用大全	¥18.00	0.88	40	¥633.60
7-5053-5574-0	中文版Access 2000宝典	¥18.50	0.95	12	¥210.90
7-302-03802-3	计算机基础知识与基本操作	¥19.50	0.85	60	¥994.50
7-5053-5574-0	中文版Access 2000宝典	¥18.50	0.90	45	¥749.25
7-5053-6069-6	Access 2000引导	¥15.00	0.90	14	¥189.00
7-113-05431-5	Access数据库应用技术	¥23.00	0.88	35	¥708.40
7-302-10299-6	Access数据库设计开发和部署	¥68.00	0.88	36	¥2,154.24
7-5077-1942-1	轻松作文	¥39.80	0.90	4	¥143.28
7-104-02318-6	假如给我三天光明	¥16.80	0.90	8	¥120.96
7-5360-3359-1	昆虫记	¥138.00	0.88	20	¥2,428.80
7-81059-206-8	跟我学驾驶	¥32.00	0.90	7	¥201.60
7-5053-5893-6	Access 2000 中文版实例与疑难解答	¥29.00	0.95	7	¥192.85
7-302-10299-6	Access数据库设计开发和部署	¥68.00	0.95	20	¥1,292.00
7-302-03802-3	计算机基础知识与基本操作	¥19.50	0.85	25	¥414.38
7-5077-1942-1	轻松作文	¥39.80	0.90	10	¥358.20
7-81059-206-8	跟我学驾驶	¥32.00	0.90	3	¥86.40
7-5053-5574-0	中文版Access 2000宝典	¥18.50	0.90	15	¥249.75
7-900622-59-4	Access 2000中文版使用大全	¥18.00	0.88	21	¥332.64
7-5053-6069-6	Access 2000引导	¥15.00	0.85	20	¥255.00
7-111-07327-4	如何使用 Access 2000中文版	¥50.00	0.90	10	¥450.00
7-900622-59-4	Access 2000中文版使用大全	¥18.00	0.88	17	¥269.28

记录： 1 共有记录数：24

图 3.37 生成的计算查询结果

（12）将生成的查询表保存为"售书销售额明细"，并关闭。

【操作练习 12】 创建一个有关各书销售额汇总的查询表。名字为"各书销售额汇总"。

3.5.3 在计算中使用条件

当需要对满足某个条件进行计算时，就要使用"条件"。例如，如果要对 20 世纪 70 年代出生的男、女职工进行分组求平均工资时，必须用"条件"作为总计选项，并且该字段不能在查询表中显示出来。

【操作实例 13】 在计算中使用条件

目标：创建对 20 世纪 70 年代出生的男、女职工进行分组求平均工资的查询表，名称为"70 年代男女平均工资"。

（1）在查询设计视图窗口添加"性别"、"基本工资"和"参加工作时间"字段。并将"基本工资"的字段名称改为"平均工资：基本工资"。

（2）添加"总计"行，然后将"性别"字段设置为分组，将"基本工资"字段设置为平均值，将"出生日期"字段设置为条件。

（3）在"参加工作时间"字段的条件单元格中，输入"Between ＃1970-1-1＃ And ＃1979-12-31＃"，注意：此时该字段的显示选项被自动取消，如图 3.38 所示。

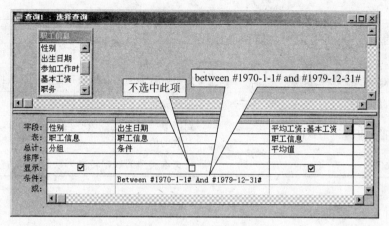

图 3.38 设置条件计算查询

(4) 将平均工资字段的格式属性设置为"固定"。

(5) 切换到数据视图状态,生成的查询表如图 3.39 所示。

(6) 将生成的查询表保存为"70 年代男女平均工资"。

【操作练习 13】 创建一个按"职务"分组、基本工资等于或超过 1500 元的平均工资查询表。名字为"超过 1500 的职务及平均工资"。

图 3.39 分组条件查询结果

3.6 使用函数

在查询计算中,还经常需要使用函数,例如,要计算职工的工龄,将空记录置 0 等。在 Access 中提供了一些函数,其中常用的函数见表 3.3。

表 3.3 常用函数

函 数	说 明
Now( )	返回当前的日期和时间
Date( )	返回当前日期
Time( )	返回 12 小时格式的当前时间
DateAdd("日期及时间单位",加减数字,起始日)	以起始日开始,向前或向后加减多少单位的日期或时间
DateDiff("日期及时间单位",起始日,结束日)	将两个日期相减后,返回指定日期及时间单位的数字
Year(日期)	返回日期的年份
Month(月)	返回日期的月份
IIf(判断式,为真的返回值,为假的返回值)	以判断式为准,其结果为真或假时,返回不同的值
Mid("原始数据",返回值的起始位,返回数据长度)	在原始数据中,以指定的起始位,返回指定长度的数据

函　　数	说　　明
Right("原始数据",返回数据长度)	由原始数据的最右返回指定长度的数据
Left("原始数据",返回数据长度)	由原始数据的最左返回指定长度的数据
IsNull("原始数据")	判断原始数据是否为空白,返回真或假
Nz("原始数据",为 Null 的返回值)	判断原始数据是否为空白,若为空白,返回第 2 个参数的值
Val("原始数据")	将文本类型的数据转换为数值类型的数据

3.6.1　对空记录的处理

如果要对"书店管理"数据库生成一个各书的库存查询,会遇到一个问题。有的书只进不出,即在"进书"表中有该书的记录,而在"售书"表中没有该书的记录。如果在生成查询时,按照默认的设置,会生成只包括售书表中有的记录。因此,要将那些没有售书记录但有进书记录的书显示出来,必须修改其关系联接属性,使这些记录显示出来。这时,这些记录对应的售书数量字段的数据为空记录。为了以后计算库存的需要,可通过使用函数,将这些空记录置 0 后,再进行计算。

【操作实例 14】　将空记录置 0

目标：创建各书的"进书和售书数量汇总"查询表,要求包括"书号"、"进书数量"、"售书数量"字段。并且要求将"售书数量"字段中为空的数据添加 0。

(1) 通过"进书"表创建每本书的"进书数量汇总"查询表,如图 3.40 所示。

(2) 通过"售书"表创建每本书的"售书数量汇总"查询表,如图 3.41 所示。

图 3.40　进书数量汇总查询表　　　　图 3.41　售书数量汇总查询表

(3) 在新建的查询设计视图中,添加"进书数量汇总"查询表和"售书数量汇总"查询表,如图 3.42 所示。

(4) 将一个表的"书号"字段拖到另一个表的"书号"字段创建关系,如图 3.43 所示。

(5) 为了确保生成的表中包括"进书"表中的所有记录(包括在售书表中没有的记录),

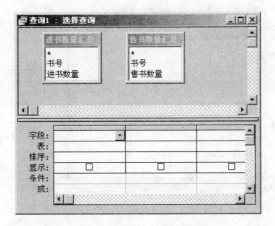

图 3.42　在设计视图中添加的表

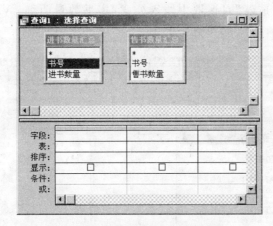

图 3.43　在设计视图中创建关系

双击其中的关系连线,在打开的"联接属性"对话框中选中第 2 个选项,如图 3.44 所示。

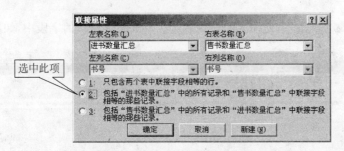

图 3.44　设置关系的联接属性

（6）分别将"进书数量汇总"表中的"书号"、"进书数量"字段和"售书数量汇总"表中的"售书数量"字段拖到下面的字段单元格中。

（7）生成的查询表如图 3.45 所示。

（8）为了将售书数量记录为空的记录置于 0,回到设计视图后,将插入点置于"售书数

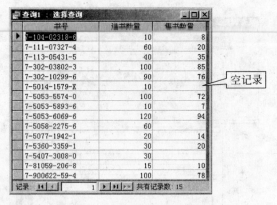

图 3.45 进书和售书汇总查询表

量"单元格中,然后单击工具栏中的"生成器"按钮,打开"表达式生成器"对话框。

(9) 在"表达式生成器"对话框中输入公式"售书数量明细:Val(Nz([售书数量],0))",即当记录为空时,添加 0,如图 3.46 所示。

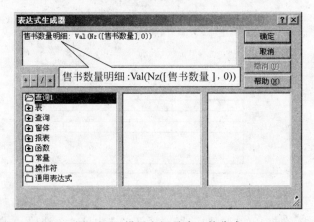

图 3.46 设置空记录为 0 的公式

(10) 单击"确定"按钮,使输入的公式显示在查询设计窗口的字段中,如图 3.47 所示。

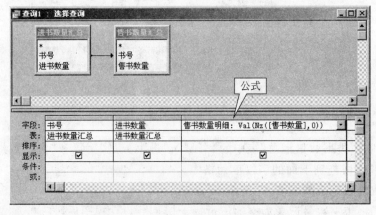

图 3.47 在设计视图中设置的公式

(11) 将该查询保存为“进书和售书数量汇总”。

(12) 切换到数据视图，这时生成的查询表如图 3.48 所示。

书号	进书数量	售书数量明细
7-104-02318-6	10	8
7-111-07327-4	60	20
7-113-05431-5	40	35
7-302-03802-3	100	85
7-302-10299-6	90	76
7-5014-1579-X	10	0
7-5053-5574-0	100	72
7-5053-5893-6	10	7
7-5053-6069-6	120	94
7-5058-2275-6	60	0
7-5077-1942-1	20	14
7-5360-3359-1	30	20
7-5407-3008-0	30	0
7-81059-206-8	15	10
7-900622-59-4	100	78

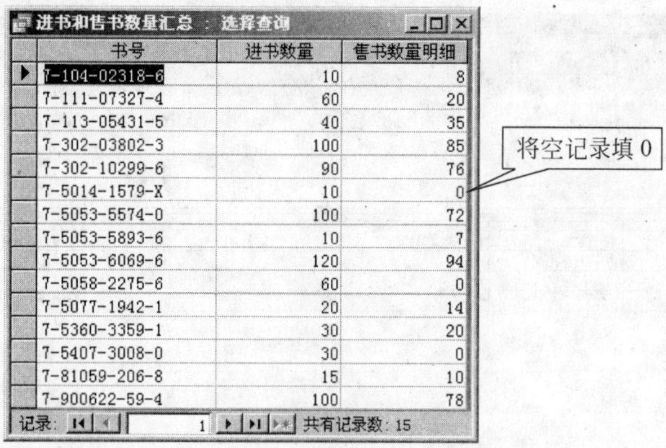

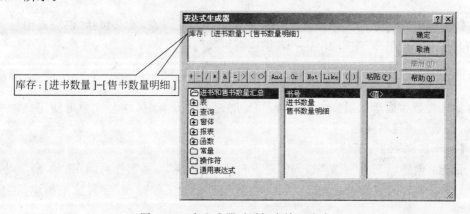

图 3.48 生成的添加空记录为 0 的查询结果

【操作练习 14】 创建一个关于性别数字化的查询表，要求将记录为“男”的数据用 1 表示，为“女”的数据用 0 表示。名字为“性别数字化”。

3.6.2 库存的计算

有了前面将空记录设置为 0 的基础，就可以轻松计算书店中每本书的库存情况了。

【操作实例 15】 库存的计算

目标：创建各书的“库存”查询表，要求包括“书号”、“进书数量”、“售书数量明细”和“库存”字段。其中的“库存”字段为“进书数量”减去“售书数量明细”。

(1) 在新建的查询设计视图中，打开“进书和售书数量汇总”查询表。

(2) 单击“文件”→“另存为”命令，在打开的“另存为”对话框中，将其命名为“库存”。

(3) 将插入点置于后面的单元格中，打开“表达式生成器”对话框。

(4) 在“表达式生成器”对话框中输入公式“库存:[进书数量]-[售书数量明细]”，如图 3.49 所示。

图 3.49 在生成器对话框中输入公式

(5) 单击“确定”按钮，使公式显示在字段单元格中。

(6) 选中“库存”字段的“显示”选项，如图 3.50 所示。

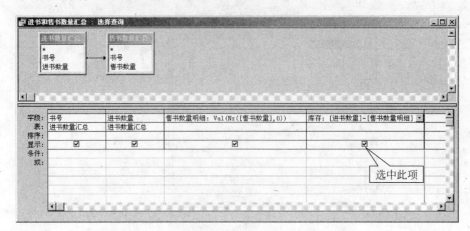

图 3.50　生成的公式

(7) 切换到数据视图，生成的库存查询如图 3.51 所示。

库存 ：选择查询

书号	进书数量	售书数量明细	库存
7-104-02318-6	10	8	2
7-111-07327-4	60	20	40
7-113-05431-5	40	35	5
7-302-03802-3	100	85	15
7-302-10299-6	90	76	14
7-5014-1579-X	10	0	10
7-5053-5574-0	100	72	28
7-5053-5893-6	10	7	3
7-5053-6069-6	120	94	26
7-5058-2275-6	60	0	60
7-5077-1942-1	20	14	6
7-5360-3359-1	30	20	10
7-5407-3008-0	30	0	30
7-81059-206-8	15	10	5
7-900622-59-4	100	78	22

记录：1 共有记录数：15

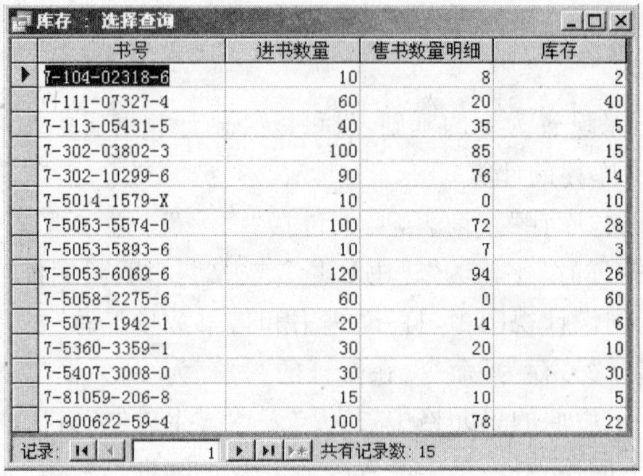

图 3.51　生成的库存查询

【操作练习 15】　创建对应每个供应商应付款的查询表，要求包括“供应商编号”、“供应商名称”和“应付款”字段。名字为“供应商付款”。

3.6.3　日期/时间函数的应用

如果需要生成诸如工龄之类的涉及日期/时间的计算时，在公式中可使用日期/时间函数，帮助解决这些问题。

【操作实例 16】　工龄计算

目标：创建职工的“工龄”查询。要求包括“姓名”、“参加工作时间”和“工龄”字段。

(1) 在新建的查询设计窗口中，将“姓名”和“参加工作时间”字段拖到相应的字段单元格中。

(2) 在查询设计窗口的第 3 个“字段”单元格中输入“工龄：Year(Now())-Year([职

工信息]！［参加工作时间］)"，如图 3.52 所示。

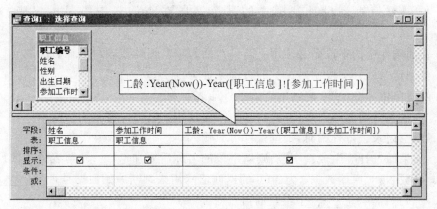

图 3.52　日期/时间函数的设置

（3）切换到数据视图，如图 3.53 所示。

图 3.53　工龄查询表

（4）将查询表保存为"工龄"。

【操作练习 16】　创建职工年龄的查询表。

3.7　练习题

3.7.1　填空题

1. 查询表会随着数据表中数据的更改而_____相应的数据。

2. 查询有：_____、_____、_____、_____和_____5种视图。

3. 在 Access 中，表之间的关系一般可以通过_____定义为一对多的关系。

4. 建立关系双方的字段的_____必须相同。

5. 要创建复杂的查询，必须在_____中手工设置查询的字段和条件。

6. 如果要使查询设计视图中的某个字段在查询表中不显示出来，则不选中_____。

7. 查询条件中的字段名必须用_____括起来。窗体或表对象在后面加_____。

8. 要创建"姓名"字段中姓"王"的查询条件为_____。

9. 创建单价为 20～30 之间的查询条件应表示为_____。

10. 当输入日期和时间条件的设置时，需要使用_____将日期括起来。

11. 对空记录进行查询时，查询条件可只输入_____。

12. 如果通过计算生成新字段，则新字段的名称后要加_____与表达式进行分割。

13. 函数 Nz ("原始数据", 为 Null 的返回值)，用来判断原始数据是否为_____，若为_____，返回第_____个参数的值。

3.7.2 选择题

1. 要在执行查询时能够弹出对话框，供用户输入查询条件，可以使用_____。
   A. 交叉表查询　　　　B. 选择查询　　　　C. 操作查询　　　　D. 参数查询

2. Access 数据库使用_____的关系。
   A. 一对一　　　　　　B. 一对多　　　　　C. 多对多　　　　　D. 以上都可以

3. 设置关系时，如果选中了实施参照完整性准则，那么_____。
   A. 不能将记录添加到相关表中
   B. 不能在相关表中存在匹配的记录时删除主表中的记录
   C. 不能在相关的表中有相关记录时更改主表中的主关键字值
   D. 以上都包括

4. 下列查询中，不属于关系运算符的是_____。
   A. =　　　　　　　　B. >　　　　　　　C. <　　　　　　　D. ≠

5. 下列选项中，不属于逻辑运算符的是_____。
   A. Not　　　　　　　B. In　　　　　　　C. And　　　　　　D. Or

6. 下列函数中，表示返回字符表达式中最大值的是_____。
   A. Sum　　　　　　　B. Count　　　　　C. Max　　　　　　D. Min

7. 要查询职务为销售人员或采购人员的查询条件为_____。
   A. "销售人员" Or "采购人员"　　　　　　B. "销售人员" And "采购人员"
   C. "销售人员" 或 "采购人员"　　　　　　D. "销售人员" ＋ "采购人员"

8. 要查询 30 天以内参加工作的记录，查询条件为_____。
   A. <Date( )-30　　　　　　　　　　　　B. Between Data( ) And Data( )-30
   C. <Date( )-31　　　　　　　　　　　　D. >Date( )-30

9. 下列准则中，表示查询没有照片的记录的是_____。
   A. ""　　　　　　　B. Null　　　　　　C. Not Null　　　　D. 以上都不是

10. 使用_____可以创建带条件的查询。
    A. 查询视图　　　　B. 查询向导　　　　C. 设计视图　　　　D. 以上都不是

11. 在查询设计视图的设计网格中,不包括_____行。
    A. 字段　　　　　　　B. 条件　　　　　C. 显示　　　　　　D. 查询
12. 在查询设计视图中,要对记录进行分组统计计算,必须在设计网格中添加_____行。
    A. 条件　　　　　　　B. 总计　　　　　C. 显示　　　　　　D. 字段
13. 要统计职工的人数,须在总计行使用选择_____。
    A. Sum　　　　　　　B. Count　　　　C. Avg　　　　　　D. Group By
14. 将用于分组字段的"总计"行设置成_____,可以对记录进行分组统计。
    A. Sum　　　　　　　B. Count　　　　C. Avg　　　　　　D. Group By

3.7.3　操作题

1. 建立一个查询表,查询 1992 年以后参加工作的男职工,要求字段包括姓名、工作时间、学历、职称、系别和联系电话。

2. 建立一个查询表,查询学生的选课成绩,要求字段包括班级、学生姓名、课程名称、成绩。

3. 使用查询计算不及格学生的人数。

4. 计算每班的各课平均成绩。

第4章

高级查询

使用 Access 的查询功能,不仅可以创建前面介绍的条件查询,还可以创建诸如参数查询、交叉表查询、操作查询等。另外,Access 还支持直接使用 SQL 查询语言创建查询,也可以创建数据透视表和数据透视图以便对数据进一步分析。

4.1 参数和交叉表查询

当需要对数据进行高级分析,如根据用户输入的条件创建查询表;将字段作为行和列标题对数值进行统计,可以创建参数查询、交叉表查询等。

4.1.1 参数查询

当需要根据用户输入不同的条件值来生成查询表时,可以使用参数查询,而不需要为某个查询条件都创建一个查询表。设置参数查询的方法是在条件单元格中用"[ ]"表示参数查询,中括号里面的内容为"输入参数值"对话框中的提示信息。

【操作实例 1】 参数查询

目标:创建名称"供应商付款参数查询"的参数查询表,也就是根据用户输入的供应商名称创建该供应商付款的查询表。要求包括"供应商名称"和"应付款"字段。

(1) 打开第 3 章的操作练习 15 创建的"供应商付款"查询表,如图 4.1 所示。

(2) 将其另存为"供应商付款参数查询"。

(3) 切换到设计视图窗口后,如图 4.2 所示设置字段和条件值。其中用中括号"[ ]"设置参数查询的提示信息。

(4) 单击工具栏中的"运行"按钮时,会弹出如图 4.3 所示的"输入参数值"对话框。

(5) 在该对话框中输入要查询的出版社,如"电子工业出版社",单击"确定"按钮,则生成的参数查询表如图 4.4 所示。保存该查询表。

图 4.1 供应商付款查询表

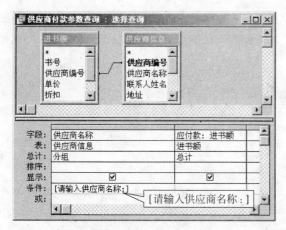

图 4.3 输入参数值对话框

图 4.2 参数查询的条件准则　　　　　　　图 4.4 参数查询结果

如果已经保存了创建的参数查询表,那么,每次打开参数查询表时,都会弹出"输入参数值"对话框,要求用户输入查询值,系统会根据用户输入的查询值,而显示相应的记录。

【操作练习 1】 创建每本书利润的按书号进行参数查询的表。

4.1.2 创建交叉表查询

交叉表查询是指将来源于一个表中的字段分组,一组字段的数据在表的第 1 列,另一组字段的数据在表的第 1 行,在行与列的交叉单元格中显示某个字段的计算值。

【操作实例 2】 交叉表查询

目标：用"图书基础信息"数据表和"进书额"查询表创建列为出版社、行为书号,交叉单元格为进书额的交叉表查询,名称为"按出版社进书的交叉表"。

(1) 在新建的查询设计窗口中,选择数据表"图书基本信息"和查询表"进书额"。

(2) 在窗口中选择"书号"、"出版社"和"进书额"字段。选择按出版社升序排序,如图 4.5 所示。

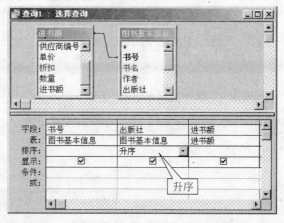

图 4.5 设置查询条件

(3) 生成的查询表视图如图 4.6 所示。

（4）为了创建交叉查询，回到设计视图后，单击工具栏上的"查询类型"下拉按钮 ，在弹出的如图 4.7 所示的菜单中，选择"交叉表查询"选项，于是在设计网格中插入"总计"和"交叉表"行。

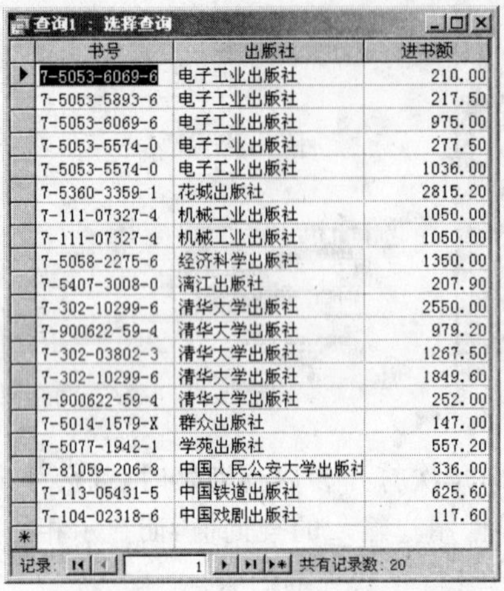

图 4.6　生成的查询表　　　　　　　　　图 4.7　查询类型菜单

（5）在"总计"和"交叉表"行各字段的设置分别如图 4.8 所示。

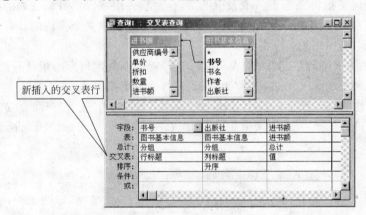

图 4.8　交叉表查询设计

（6）单击"运行"工具按钮，生成的交叉查询表如图 4.9 所示。

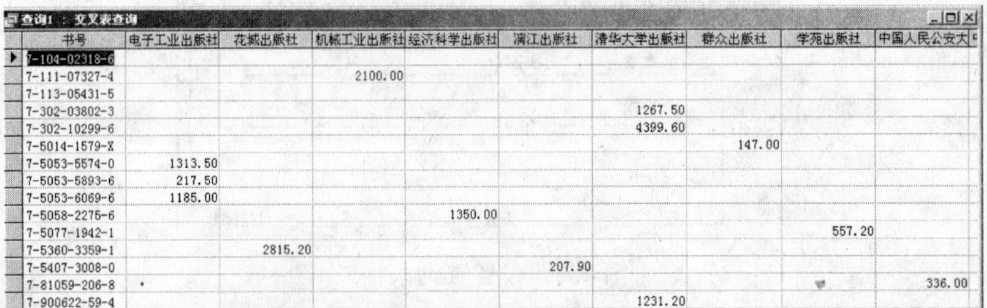

图 4.9　生成的交叉查询表

(7) 将生成的交叉表保存为“按出版社进书的交叉表”。

【操作练习 2】 使用查询向导创建“职工售书额交叉表”查询。要求行标题为职工姓名、列标题为书号,交叉单元格为每本书销售额汇总值。

4.2 操作查询

由于在 Access 中,从数据表中访问数据要比从查询表中访问数据快得多,因此,如果经常要从几个表中提取数据,则可以使用生成表查询创建新的数据表。另外,还可以对数据表的数据进行批量更新、删除和追加等操作。

4.2.1 生成表查询

生成表查询是通过对多个表的数据进行组织以生成一个新的数据表。

【操作实例 3】 生成数据表查询

目标:生成一个“清华大学出版社进书额”的数据表,其中包括“图书基本信息”表中的“书号”、“书名”、“出版社”、“单价”字段和“进书”表中的“折扣”和“数量”、“进书日期”字段,以及由单价×折扣×数量求出的“进书额”字段。

(1) 在新建的查询设计窗口,如图 4.10 所示设置其中的各项。并将“进书额”的格式字段属性设置为“固定”。

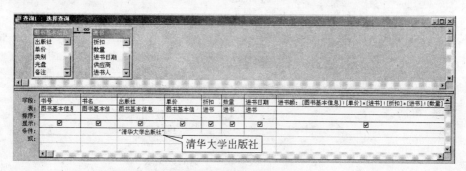

图 4.10 生成表查询设置

(2) 切换到数据表视图,可以看到根据该设置条件生成的查询表,如图 4.11 所示。

书号	书名	出版社	单价	折扣	数量	进书日期	进书额
7-302-03802-3	计算机基础知识与基本操作	清华大学出版社	￥19.50	0.65	100	2006-4-23	1267.50
7-302-10299-6	Access数据库设计开发和部署	清华大学出版社	￥68.00	0.75	50	2006-4-7	2550.00
7-302-10299-6	Access数据库设计开发和部署	清华大学出版社	￥68.00	0.68	40	2006-4-25	1849.60
7-900622-59-4	Access 2000中文版使用大全	清华大学出版社	￥18.00	0.68	80	2006-4-16	979.20
7-900622-59-4	Access 2000中文版使用大全	清华大学出版社	￥18.00	0.70	20	2006-5-19	252.00

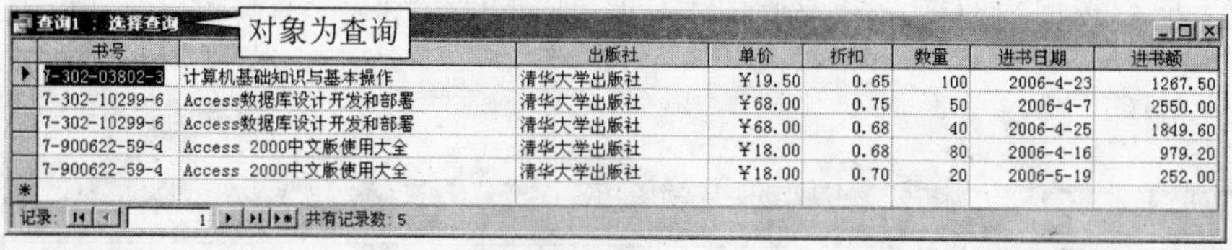

图 4.11 浏览表的效果

(3) 回到设计视图。为了生成表查询,单击工具栏中的“查询类型”下拉按钮,在弹出的菜单中选择“生成表查询”命令,打开“生成表”对话框。

（4）在该对话框中选择将生成的表保存在当前的数据库中，名字为"清华大学出版社进书额明细"，如图 4.12 所示，单击"确定"按钮。

图 4.12　"生成表"对话框

（5）单击"运行"工具按钮 ！。这时，屏幕提示如图 4.13 所示的对话框。

（6）单击"是"按钮，完成表的创建。

（7）关闭设计视图窗口，保存设计的查询表为"生成清华进书额"。

（8）在数据库的"表"对象列表框中，可以看到新生成的名为"清华大学出版社进书额明细"的数据表，如图 4.14 所示。

图 4.13　生成表提示框

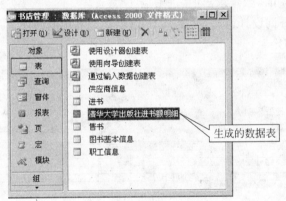

图 4.14　在表对象中生成的数据表

（9）打开该表后，切换到设计视图，将"进书额"字段对象属性更改为"单精度"、格式为"固定"。

（10）回到数据视图后，会看到如图 4.15 所示的数据表（注意图 3.11 和表 3.15 的差别）。

图 4.15　生成的清华进书额明细数据表

【操作练习3】 创建生成"2006 年 5 月份销售额"的生成表查询。

4.2.2 创建追加查询

有时需要将某个表中符合一定条件的记录添加到另一个表中,这类工作可以通过追加查询操作来完成。

【操作实例4】 追加查询

目标:对"清华大学出版社进书额明细"的数据表,生成一个追加机械工业出版社进书额明细记录的追加查询。

(1)在查询对象中,选择"生成清华进书额"查询表,并单击"设计"按钮,在设计视图中打开该对象。

(2)将其另存为"生成机械进书额"。

(3)修改出版社的条件为"机械工业出版社"。

(4)单击"查询类型"工具按钮,在弹出的菜单中选择"追加查询",在打开的"追加"对话框中如图 4.16 所示进行设置。

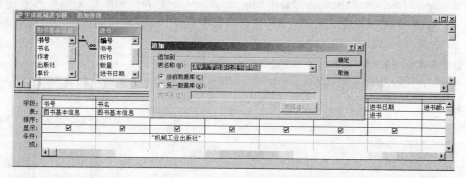

图 4.16 "追加"对话框的设置

(5)确定后,创建的追加查询设计如图 4.17 所示。

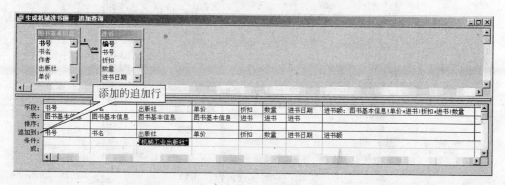

图 4.17 追加查询设置效果

(6)单击工具栏中的"运行"按钮,在弹出的"追加"提示框中,单击"是"按钮,将符合条件的一组记录追加到指定的表中。

(7)关闭并保存追加查询表。

(8) 在表对象中,双击"清华大学出版社进书额明细"数据表会看到增加的记录,如图 4.18 所示。

书号	书名	出版社	单价	折扣	数量	进书日期	进书额
7-302-03802-3	计算机基础知识与基本操作	清华大学出版社	19.5	.65	100	2006-4-23	1267.50
7-900622-59-4	Access 2000中文版使用大全	清华大学出版社	18	.68	80	2006-4-16	979.20
7-900622-59-4	Access 2000中文版使用大全	清华大学出版社	18	.7	20	2006-5-19	252.00
7-302-10299-6	Access数据库设计开发和部署	清华大学出版社	68	.75	50	2006-4-7	2550.00
7-302-10299-6	Access数据库设计开发和部署	清华大学出版社	68	.68	40	2006-4-25	1849.60
7-111-07327-4	如何使用 Access 2000中文版	机械工业出版社	50	.7	30	2006-4-7	1050.00
7-111-07327-4	如何使用 Access 2000中文版	机械工业出版社	50	.7	30	2006-4-23	1050.00

图 4.18　追加后的数据表

【操作练习 4】　对操作练习 3 创建的表追加创建"2006 年 6 月份销售额"的记录。

4.2.3　删除查询

为了成批删除数据表中的某类记录,可以使用删除查询。删除查询可以从单表中删除记录,也可以从多个相互关联的表中删除记录。从多个表中删除相关记录的条件是:在关系对话框中定义相关表之间的关系,并在对话框选中"实施参照完整性"和"级联删除相关记录"选项。

【操作实例 5】　删除查询

目标:删除"清华大学出版社进书额"表中出版社是"机械工业出版社"的记录。

(1) 在新建查询设计视图窗口中,选择"清华大学出版社进书额"表。

(2) 单击工具栏中的"查询类型"下拉按钮,然后单击"删除查询"命令,在设计网格中插入"删除"行。

(3) 分别添加"＊"和"出版社"字段,并设置条件为"机械工业出版社",如图 4.19 所示。

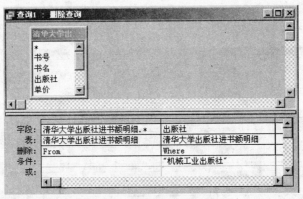

图 4.19　删除查询设计窗口

(4) 单击工具栏中的"视图"按钮 ，预览删除查询检索到的一组记录,如图 4.20 所示。

(5) 单击"视图"按钮回到设计视图窗口。单击"运行"工具按钮后,屏幕显示删除记录的提示框。单击"是"按钮,开始删除设置的记录。

图 4.20 预览删除的记录

（6）打开"清华大学出版社进书额明细"表，会看到出版社为"机械工业出版社"的记录全部被删除。

【操作练习 5】 对"2006 年 5 月份销售额"表删除"2006 年 6 月份销售额"的记录。

4.2.4 更新查询

当需要成批修改表中的数据时，可以使用更新查询来提高工作效率。例如，为某些人员涨工资等。

【操作实例 6】 更新查询

目标：对职工信息表中职务为"销售人员"或"采购人员"的基本工资涨 10%。

（1）在表对象中，将职工信息表另存为"职工信息（涨工资后）"。

（2）在新建的查询设计窗口中添加"职工信息（涨工资后）"表。

（3）将"基本工资"和"职务"字段添加到查询字段中后，将职务的条件设置为""销售人员" Or "采购人员""。

（4）单击"查询类型"工具按钮，在弹出的菜单中选择"更新查询"，在设计网格中插入"更新到"行。

（5）将基本工资字段的"更新到"设置为"1.1 * ［基本工资］"，如图 4.21 所示。

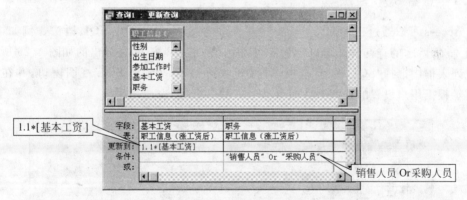

图 4.21 更新设计窗口

（6）单击"运行"工具按钮，屏幕提示如图 4.22 所示的提示框。

（7）单击"是"按钮，就完成了记录的更新。

（8）打开"职工信息"表，可以看到原记录已经按照设置的条件更新了，参见图 4.23 和图 4.24。

图 4.22 更新查询提示

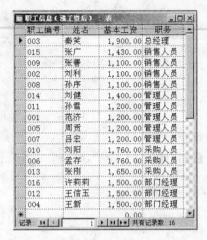

| 图 4.23 | 更新前的数据表 | 图 4.24 | 更新后的数据表 |

【操作练习6】 为"职工信息（涨工资后）"表更新职务为"管理人员"的工资为原工资加 100 元。

4.3 SQL 查询

SQL 是 Standard Query Language（即标准查询语言）的缩写。该语言是关系型数据库通用的标准查询语言。Access 系统也使用 SQL 执行查询数据库的操作。

4.3.1 查看 SQL 语法

Access 可以通过在查询设计窗口中对查询的设计，自动生成 SQL 语法。例如，对于如图 4.25 所示的查询设计窗口，单击工具栏中的"视图"按钮，在弹出的如图 4.26 所示的下拉列表框中选择"SQL 视图"选项，可打开如图 4.27 所示的 SQL 视图窗口，并在窗口中显示根据用户设置的查询条件而自动生成的 SQL 语法。

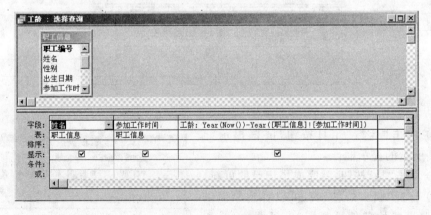

图 4.25　查询设计窗口

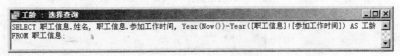

图 4.26　查询视图菜单　　　　　　　　　图 4.27　自动生成的 SQL 语法

每个查询都可以转换到 SQL 语法窗口,也可以直接在 SQL 窗口中编写查询语法。

4.3.2　SQL 语法

SQL 语法很多,下面只介绍在 Access 查询设计窗口中常用的语法部分。

SELECT 语法的格式为:

SELECT 目标表达式列表 FROM 表名 [WHERE 查询条件] [GROUP BY 分组字段 HAVING 分组条件]
[ORDER BY 排序关键字段 [ASC|DESC]]

1. 目标表达式

为查询结果要显示的字段列表,各字段可用逗号分隔。如要选择"书号"、"书名"和"出版社"字段,应表示为:

SELECT 书号,书名,出版社

如果要显示所有字段,可使用"＊"表示。

如果要用别名(其他的名)表示字段的名称,可用 AS 表示,如在"职工信息"表中用"职工 ID"表示字段"职工编号",则应表示为:

SELECT 职工编号 AS 职工 ID

另外,还可以使用表达式构建某个字段,如:

SELECT (1.5＊基本工资) AS 新工资

2. 表名

为要创建查询所需要的表的名称。例如:

SELECT 书号,书名,出版社 FROM 图书基本信息

对应的查询设计窗口如图 4.28 所示。

3. WHERE 查询条件

使用 WHERE 子句设置查询条件,可以限制记录的选择。在该子句中可以使用函数和运算符构造查询条件。如果要指定某个区间的数据,可以使用运算符 BETWEEN。例如要查询"图书基本信息"表中单价为 10～20 元之间记录的查询条件为:

图 4.28 设置查询字段和表的设计窗口

SELECT 单价 FROM 图书基本信息 WHERE 单价 BETWEEN 10 AND 20

或者

SELECT 单价 FROM 图书基本信息 WHERE 单价 >= 10 AND 单价 <= 20

对应的查询设计窗口分别如图 4.29 和图 4.30 所示。

图 4.29 使用查询条件 1

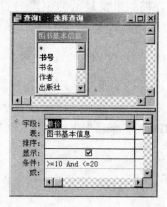

图 4.30 使用查询条件 2

如果要枚举若干项,可使用运算符 IN。例如,要查询"供应商编号"为 002 和 005 的记录,查询条件为:

SELECT 供应商编号 FROM 供应商信息 WHERE 供应商编号 IN ("002", "005")

对应的查询设计窗口如图 4.31 所示。

4. 计算函数

在 SELECT 语句中可以使用计算函数 AVG、COUNT、SUM、MAX 和 MIN 等。例如,要对售书表的售书人为 002 的数量求和,可使用语句:

SELECT SUM(数量) AS 合计数量 FROM 售书 WHERE 售书人 = "002"

对应的查询设计窗口如图 4.32 所示。

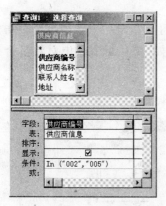

图 4.31 使用枚举

图 4.32 使用计算函数

5. 分组 GROUP BY

将字段中有相同值的记录合并为一条记录。例如,如果按书号对售书表的数量进行分组合计数量,可使用语句:

SELECT 书号,SUM (数量) AS 合计数量 FROM 售书 GROUP BY 书号

对应的查询设计窗口如图 4.33 所示。

6. 过滤 HAVING

如果要对分组的数据进行过滤,可使用 HAVING 子句。例如,如果按书号对售书表的数量进行分组并且显示合计数量小于 50 的记录,可使用语句:

SELECT 书号,SUM (数量) AS 合计数量 FROM 售书 GROUP BY 书号 HAVING SUM (数量)<50

对应的查询设计窗口如图 4.34 所示。

图 4.33 使用分组

图 4.34 使用过滤

7. 排序 ORDER BY

ORDER BY 子句用来决定查询结果的排序字段。可以指定一个字段也可以指定多个排序字段。ASC 选项代表升序,DESC 代表降序。例如,要在售书表中对数量合计进行降序排序,可表示为:

SELECT 售书.书号, Sum(售书.数量) AS 数量合计 FROM 售书 GROUP BY 售书.书号 ORDER BY Sum(售书.数量) DESC;

对应的查询设计窗口如图 4.35 所示。

8. 多表连接

若查询的数据分布在多个表中,则必须建立连接查询,连接查询的语句为:

表 1 INNER|LEFT|RIGHT JOIN 表 2 ON 连接条件

例如,以书号作为连接条件,要查询图书基本信息表中的书号、单价字段以及售书的数量字段,可使用下面的语句:

图 4.35 使用排序

SELECT 图书基本信息.书号,图书基本信息.单价,售书.折扣,售书.数量 FROM 售书 INNER JOIN 图书基本信息 ON 售书.书号 = 图书基本信息.书号;

注意:在输入语句时,一定注意各部分的空格。

对应的查询设计窗口如图 4.36 所示。

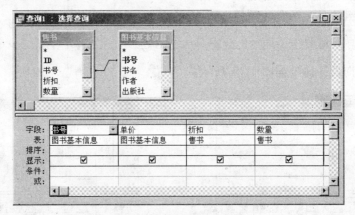

图 4.36 使用多表连接

【操作实例 7】 SQL 查询

目标:使用 SQL 语句创建对已售书目的按书号汇总的各书销售额汇总查询。

(1) 在数据库的查询对象中,选择"新建"按钮,并在打开的对话框中选择"设计视图",确定后,打开查询设计窗口。

(2) 关闭"显示表"对话框后,在工具栏中选择"SQL 视图",打开 SQL 窗口。

(3) 在 SQL 窗口中输入以下的语句:

SELECT 图书基本信息.书号, Sum([图书基本信息]! [单价] * [售书]! [折扣] * [售书]! [数量]) AS 销售额汇总 FROM 图书基本信息 INNER JOIN 售书 ON 图书基本信息.书号 = 售书.书号 GROUP BY 图书基本信息.书号;

在 SQL 窗口的效果如图 4.37 所示。

图 4.37　使用 SQL 查询

(4) 切换到数据表视图后生成的查询表如图 4.38 所示。

书号	销售额汇总
7-104-02318-6	120.96
7-111-07327-4	900.00
7-113-05431-5	708.40
7-302-03802-3	1408.88
7-302-10299-6	4738.24
7-5053-5574-0	1209.90
7-5053-5893-6	192.85
7-5053-6069-6	1209.00
7-5077-1942-1	501.48
7-5360-3359-1	2428.80
7-81059-206-8	288.00
7-900622-59-4	1235.52

图 4.38　使用 SQL 查询的结果

【操作练习 7】　使用 SQL 查询创建按供应商分组的进书额汇总查询。

4.4　数据透视分析

通过数据透视分析,包括数据透视表和数据透视图,可以产生精确的信息供用户做出决策。

4.4.1　数据透视表

数据透视表是以表格的形式来分析数据,例如,可以使用数据透视表根据类别对书名、出版社和售书数量进行分析。

【操作实例 8】　数据透视表

目标:创建有关"类别"、"书名"、"出版社"和"售书数量"的数据透视表。

(1) 在新建查询设计视图窗口中,选择"图书基本信息"和"售书"表。

(2) 在设计窗口中添加如图 4.39 所示的字段。

(3) 单击"视图"→"数据透视图视图"命令,切换到数据透视表视图。

(4) 拖曳字段列表中的字段到相应的位置,如图 4.40 所示。

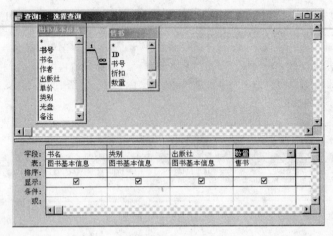

图 4.39 选择字段

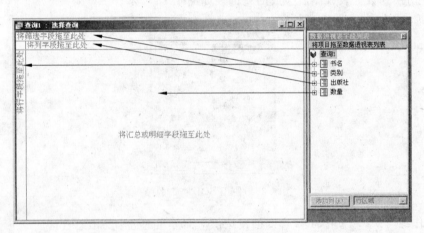

图 4.40 数据透视表视图

（5）完成字段的拖曳后，生成的数据透视表如图 4.41 所示。

书名	出版社 电子工业出版社 数量	花城出版社 数量	机械工业出版社 数量	清华大学出版社 数量	学苑 数量
Access 2000 中文版实例与疑难解答	7				
Access 2000引导	60 14 20				
Access 2000中文版使用大全				40 21 17	
Access数据库设计开发和部署				20 36 20	
Access数据库应用技术					
跟我学驱号					
计算机基础知识与基本操作				60 25	
假如给我三天光明					
昆虫记		20			
轻松作文					
如何使用 Access 2000中文版			10 10		
中文版Access 2000宝典	12 45 15				
总计					

图 4.41 将字段添加到数据透视表中

（6）单击表中任意数据字段，当该数据被选中后右击，在弹出的快捷菜单中选"自动计算"→"合计"命令，则在数据的下方显示每本书的汇总数量，如图4.42所示。

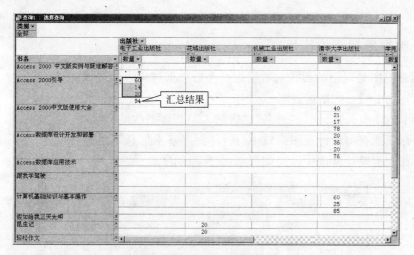

图 4.42　总计计算结果

（7）单击每个书名右侧的"－"标记，隐藏数量明细，只显示销售数量的汇总结果，如图4.43所示。

图 4.43　只显示汇总数量的结果

（8）在筛选字段中单击类别，在弹出的下拉列表框中只选中jsj选项，单击"确定"按钮，就可以看到jsj类别的图书汇总信息了，如图4.44所示。

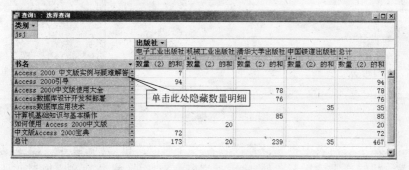

图 4.44　筛选 jsj 类别的数据

(9) 将生成的查询表保存为"销售数量分析数据透视表"。

【操作练习8】 按类别作为筛选字段,创建有关书名和供应商的进书数量的透视表查询。

4.4.2 数据透视图的使用

数据透视图是以图的形式对数据进行类似数据透视表的分析图。

【操作实例9】 数据透视图

目标:创建有关"类别"、"书名"、"售书人"和"售书数量"的数据透视图。

(1) 在新建查询设计视图窗口中,选择"图书基本信息"和"售书"表。

(2) 在数据设计窗口中添加如图 4.45 所示的字段。

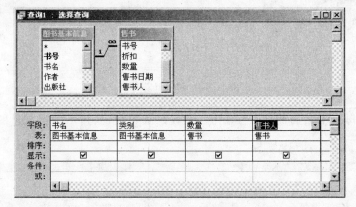

图 4.45 设置设计视图

(3) 单击"视图"→"数据透视图视图"命令,切换到如图 4.46 所示的数据透视图视图。

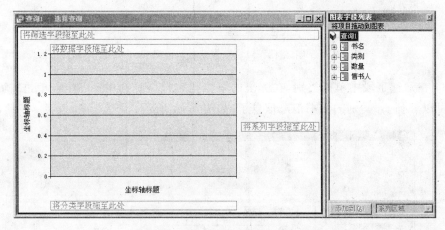

图 4.46 数据透视图视图

(4) 依次从字段列表中将"类别"、"书名"、"售书人"和"数量"4 个字段拖曳到透视表的 4 个位置:将筛选字段拖至此处、将系列字段拖至此处、将分类字段拖至此处和将数据字段拖至此处,结果如图 4.47 所示。

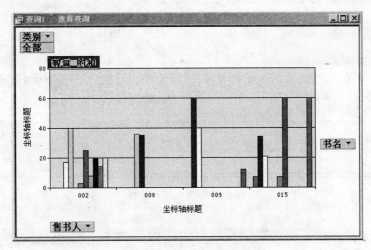

图 4.47　创建的数据透视图

（5）单击"数据透视图"→"显示图例"命令,显示图例信息,如图 4.48 所示。

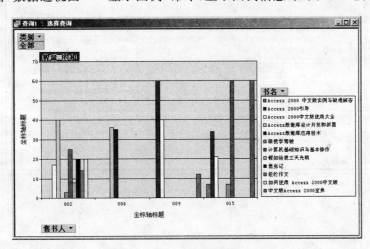

图 4.48　显示图例效果

（6）取消"显示图例"后,单击"数据透视图"→"图表类型"命令,在打开的对话框中可以选择更改为其他的图例,如图 4.49 所示。

（7）单击类别的 ▼ 按钮,选择需要显示的 jsj 类别的复选框并单击"确定"按钮,就可以显示该类别的图书信息了,如图 4.50 所示。

（8）以相同的方法,可以单击"书名"、"售书人"后的 ▼ 按钮,选择需要查看的信息,然后在表中将显示汇总信息。

（9）将创建的查询保存为"售书人数据透视图分析"。

【操作练习9】　按性别作为筛选字段,创建有关姓名、职务和基本工资的数据透视图查询。

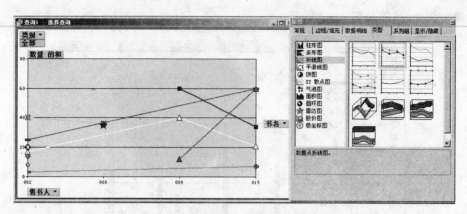

图 4.49　更改图例效果

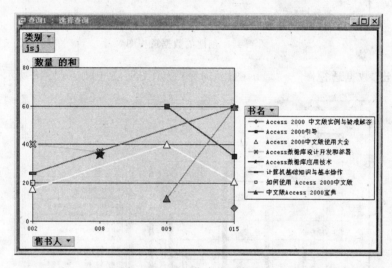

图 4.50　显示指定类别的图例

4.5　练习题

4.5.1　填空题

1. 设置参数查询的方法是在条件单元格中用符号_____表示参数查询。

2. 从数据表中访问数据要比从查询表中访问数据_____。

3. 要为职工涨 30％的工资,应该在基本工资的"更新到"单元格中输入_____表达式。

4. 要创建视图透视表,应该至少需要_____个字段。

5. 操作查询有_____、_____、_____和_____ 4 种。

6. 使用"交叉表查询向导"创建交叉表查询时,所有的字段必须来源于_____或_____。

7. 要将 2000 年以前参加工作的职工的职务改为"部门经理",应在职务字段的更新到单元格中输入_____。

8. 如果只删除指定字段中的数据,可以使用_____将该值改为空值。

9. 对于_____查询,用户只能指定一个总计类型的字段。

10. Access 规定,总计项_____指定的字段不能出现在查询结果中。

4.5.2 选择题

1. 要在查询设计网格中显示"追加"行,则要在查询类型下拉列表框中,选择_____查询。
  A. 追加 　　　　　 B. 删除 　　　　　 C. 更新 　　　　　 D. 生成表

2. 下列查询中,_____查询可以从多个表中提取数据组合起来生成一个新表永久保存。
  A. 追加 　　　　　 B. 删除 　　　　　 C. 更新 　　　　　 D. 生成表

3. 如果在一个已建的查询中创建参数查询,执行"保存"命令后,原查询将_____。
  A. 保留
  B. 被新建的参数查询内容所替代
  C. 自动更名
  D. 替换新建的参数查询

4. 创建单参数查询时,在设计网格区的"条件"单元格中输入的内容为_____。
  A. 查询字段的字段名
  B. 用户任意指定的内容
  C. 查询的条件
  D. 参数对话框中的提示文本

5. 下列查询中,不属于操作查询的是_____。
  A. 更新查询 　　 B. 删除查询 　　 C. 参数查询 　　 D. 生成表查询

6. _____查询是利用表中的行和列来统计数据的。
  A. 交叉表查询 　 B. 选择查询 　　 C. SQL 查询 　　 D. 参数查询

7. 下列选项中,最常用的查询类型是_____。
  A. 交叉表查询 　 B. 选择查询 　　 C. SQL 查询 　　 D. 参数查询

8. _____是根据一个或多个表中的一个或多个字段并使用表达式建立的新字段。
  A. 总计 　　　　 B. 计算字段 　　 C. 查询 　　　　 D. 添加字段

9. 创建交叉表查询时,行标题最多可以选择_____字段。
  A. 1 个 　　　　 B. 2 个 　　　　 C. 3 个 　　　　 D. 多个

10. 创建交叉表查询时,列标题最多可以选择_____字段。
  A. 1 个 　　　　 B. 2 个 　　　　 C. 3 个 　　　　 D. 多个

4.5.3 操作题

1. 创建一个对应课程名称和班级的每班各科平均成绩的交叉表。

2. 创建一个学生选课成绩和班级的参数查询表。

3. 生成一个选课成绩在 80 分以上的学生表,包括姓名、性别、出生日期、成绩和班级字段。表的名称为"80 分以上学生名单"。

4. 删除"80 分以上学生名单"中选课成绩高于 90 分的记录。

5. 将 1985 年以前参加工作的教师职称改为副教授。

6. 创建一个姓名、性别、政治面目和入学成绩的透视表查询。

7. 创建一个姓名、性别、政治面目和入学成绩的透视图查询。

第5章

窗体

窗体是用来面向用户操作界面的数据库对象。窗体可作为用户输入和显示数据表或查询表,还可以用作切换面板来打开数据库中的其他窗体和报表,或者用作自定义对话框来接受用户的输入及根据输入执行相应的操作。另外,还可以利用窗体将整个应用系统组织起来。

5.1 窗体基础操作

5.1.1 窗体概述

要创建窗体对象,在数据库中选择"窗体"对象,如图5.1所示。

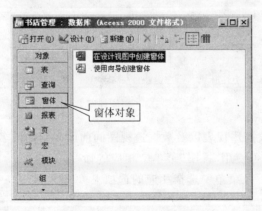

图5.1 数据库的窗体对象

窗体可以有5种视图方式:设计视图、窗体视图、数据表视图、数据透视表和数据透视图。其中:

- 设计视图用于手工创建或修改窗体的界面,显示各种控件的布局,并不显示数据源的数据,如图5.2所示。
- 窗体视图用于设置窗体运行时的显示格式,可浏览窗体所捆绑的数据源数据,如图5.3所示。

图 5.2　窗体设计视图

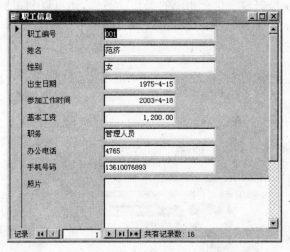

图 5.3　窗体视图

• 数据表视图、数据透视表以及数据透视图同前面介绍的同名视图。

要切换窗体视图,可使用"视图"菜单中相应的命令,或单击工具栏中的"视图",在弹出的如图 5.4 所示的下拉菜单中选择相应的选项。

创建窗体的方法包括:

• 对表自动创建窗体。

• 使用向导创建窗体。

• 在窗体的设计窗口中手工创建窗体。

多数窗体都与数据库中的一个或多个表或查询绑定。　图 5.4　窗体视图下拉菜单
窗体的记录源引用数据表和查询中的字段。窗体无需包含
每个数据表或查询中的所有字段。

绑定表的窗体可存储或检索其基础记录源中的数据。窗体上的其他信息(如标题、日

期和页码)存储在窗体的设计中。

5.1.2 自动生成窗体

Access 提供了将数据表自动生成窗体的功能。例如,可以将"图书基本信息"表自动生成为窗体。

【操作实例 1】 自动生成窗体

目标:将"职工信息"表自动生成窗体。

(1) 在数据库对话框的"表"对象中,选择数据表"职工信息"。

(2) 单击"插入"→"自动窗体"命令,则自动生成如图 5.5 所示的窗体。

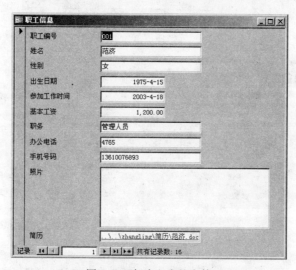

图 5.5　自动生成的窗体

(3) 保存生成的窗体,名称为"职工信息"。

该窗体是以纵栏式格式显示的窗体,每次显示一条记录。它是数据表的另一个显示界面,当修改窗体中的某个数据时,对应的数据表中的数据也随之更改。

自动创建的窗体,其默认的格式为纵栏式窗体。

【操作练习 1】 对"图书基本信息"表创建自动窗体。

5.1.3 使用向导创建基于单表的窗体

要创建一个指定字段的窗体时,可以使用向导来完成。

【操作实例 2】 使用向导创建基于单表的窗体

目标:使用"职工信息"表,借助于向导创建一个包括"姓名"、"性别"、"出生日期"、"参加工作时间"、"基本工资"、"职务"和"办公电话"的纵栏式窗体。

(1) 在数据库对话框的"窗体"对象中,双击"使用向导创建窗体"选项,打开"窗体向导"对话框。

(2) 在"表/查询"下拉列表框中选择"职工信息"表,并在下面的"可用字段"列表框中双击需要的字段,如图 5.6 所示。

(3) 单击"下一步"按钮,在接下来的对话框中选择窗体的布局,如图 5.7 所示。

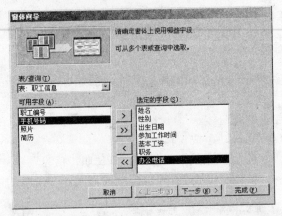

图 5.6 "窗体向导"对话框 1

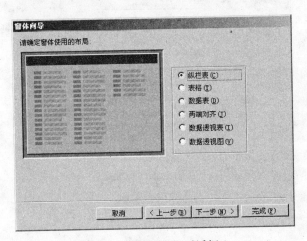

图 5.7 "窗体向导"对话框 2

(4) 单击"下一步"按钮,在接下来的对话框中选择窗体的样式,如图 5.8 所示。

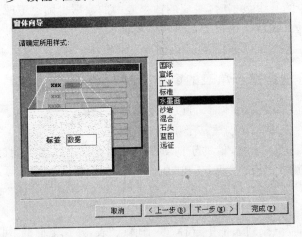

图 5.8 "窗体向导"对话框 3

（5）单击"下一步"按钮,在接下来的对话框中选择窗体的标题,如图5.9所示。

（6）单击"完成"按钮,创建如图5.10所示的"职工基本信息"窗体。

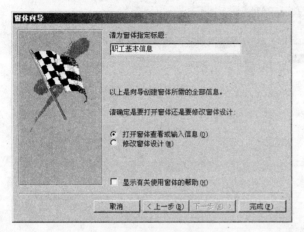

图 5.9　"窗体向导"对话框 4

图 5.10　使用向导生成的窗体

【操作练习 2】　使用向导创建有关"供应商基本信息"的纵栏式窗体,其中要求包括"供应商名称"、"联系人姓名"、"地址"、"邮政编码"、"电话号码"字段。

5.1.4　使用向导创建基于多表的窗体

有时,为了分析数据需要,希望创建的窗体使用多个表的数据。这时,可选择创建一个带有多表的窗体,使用向导可以非常方便地完成这类窗体的创建。

【操作实例 3】　创建基于多表的单窗体

目标:使用"图书基本信息"和"进书"表,借助于向导创建一个包括"书号"、"书名"、"作者"、"出版社"、"单价"、"折扣"和"数量"字段的表格式窗体。

（1）在数据库的窗体对象中,双击"使用向导创建窗体"选项,打开"窗体向导"对话框。

（2）在对话框的"表/查询"下拉列表框中选择"图书基本信息"表,并在下面的"可用字段"列表框中双击需要的字段。然后再选择"进书"表所需的字段,如图5.11所示。

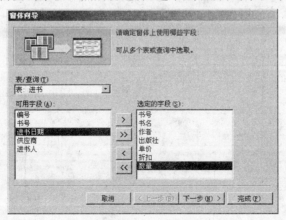

图 5.11　选择字段

(3) 单击"下一步"按钮,在接下来的对话框中选择查看数据的方式为"通过进书",如图 5.12 所示。

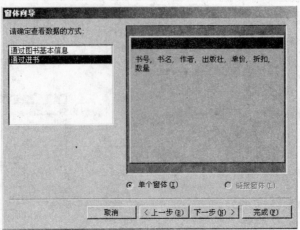

图 5.12　选择查看数据的方式

(4) 单击"下一步"按钮,在接下来的对话框中选择窗体的布局为"表格"。

(5) 单击"下一步"按钮,在接下来的对话框中选择窗体的样式为"石头"。

(6) 单击"下一步"按钮,在接下来的对话框中选择窗体的标题为"进书信息"。

(7) 单击"完成"按钮,创建如图 5.13 所示的"进书信息"窗体。

书号	书名	作者	出版社	单价	折扣	数量
7-104-02	假如给我三天光明	夏志强编译	中国戏剧出版	￥16.80	0.70	10
7-111-07	如何使用 Access 2	郭亮	机械工业出版	￥50.00	0.70	30
7-111-07	如何使用 Access 2	郭亮	机械工业出版	￥50.00	0.70	30
7-113-05	Access数据应用扌	李雁翎等	中国铁道出版	￥23.00	0.68	40
7-302-03	计算机基础知识与扌	张玲	清华大学出版	￥19.50	0.65	100
7-302-10	Access数据库设计扌	Peter Elie S	清华大学出版	￥68.00	0.75	50
7-302-10	Access数据库设计扌	Peter Elie S	清华大学出版	￥68.00	0.68	40
7-5014-1	机动车驾驶员交通扌	陈泽民	群众出版社	￥21.00	0.70	10
7-5053-6	中文版Access 2000	Cary N.Prag	电子工业出版	￥18.50	0.75	20
7-5053-6	中文版Access 2000	Cary N.Prag	电子工业出版	￥18.50	0.70	80
7-5053-5	Access 2000 中文原	朱永春	电子工业出版	￥29.00	0.75	10
7-5053-6	Access 2000引导	郑小玲	电子工业出版	￥15.00	0.65	100
7-5053-6	Access 2000引导	郑小玲	电子工业出版	￥15.00	0.70	20
7-5058-2	看图速成学Access	谭亦峰	经济科学出版	￥30.00	0.75	60
7-5077-1	轻松作文	李龙文	学苑出版社	￥39.80	0.70	10
7-5360-3	昆虫记	梁守锵译	花城出版社	￥138.00	0.68	30
7-5407-3	朱自清散文精选	朱自清	漓江出版社	￥9.90	0.70	30
7-81059-	跟我学驾驶	武泽燉	中国人民公安	￥32.00	0.70	15
7-900622	Access 2000中文版	John Viesca	清华大学出版	￥18.00	0.68	80
7-900622	Access 2000中文版	John Viesca	清华大学出版	￥18.00	0.70	20

记录: |◀ ◀ 　　1 ▶ ▶| ▶* 共有记录数: 20

图 5.13　由多表创建的表格式单窗体

从图5.13可以看到,表格式窗体每次可以显示多条记录。

【操作练习3】 使用向导由"图书基本信息"和"售书"表创建"售书信息"纵栏式的窗体。要求包括"书号"、"书名"、"作者"、"出版社"、"单价"、"折扣"和"数量"字段。

5.1.5 创建带有子窗体的窗体

使用向导还可以非常方便地创建带有子窗体的窗体,这样,可以在一个窗体中同时查看多个表的数据。这时的主窗体只能是纵栏式窗体,子窗体可以显示为数据表窗体。并且在子窗体中,还可以创建二级子窗体。要创建带有子窗体的主窗体,它们之间的关系必须是一对多的关系,并且其中的主窗体为父,子窗体为子。

【操作实例4】 创建带有子窗体的窗体

目标:使用"图书基本信息"和"进书"表,借助于向导创建一个包括"进书"子窗体的窗体。要求包括"书号"、"书名"、"作者"、"出版社"、"单价"、"折扣"、"数量"、"进书日期"字段。

(1)在数据库对话框的窗体对象中,双击"使用向导创建窗体"选项,打开"窗体向导"对话框。

(2)在对话框的"表/查询"下拉列表框中选择"图书基本信息"表,并在下面选择"书号"、"书名"、"作者"、"出版社"、"单价"字段。然后再选择"进书"表中的"折扣"、"数量"、"进书日期"字段,如图5.14所示。

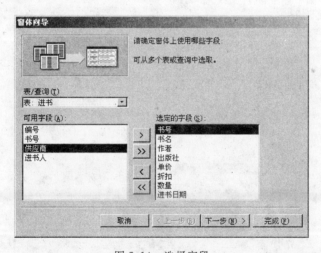

图5.14 选择字段

(3)单击"下一步"按钮,在接下来的对话框中选择查看数据的方式为"通过图书基本信息",并选中"带有子窗体的窗体"选项,如图5.15所示。

(4)单击"下一步"按钮,在接下来的对话框中选择子窗体的布局,如图5.16所示。

(5)单击"下一步"按钮,在接下来的对话框中选择窗体的样式为"宣纸"。

(6)单击"下一步"按钮,在接下来的对话框中选择窗体的标题为"图书基本信息与进书",如图5.17所示。

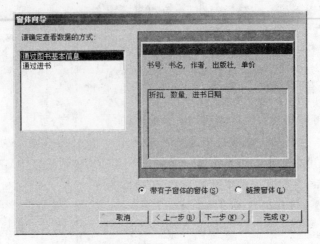

图 5.15　选择查看数据方式和带有子窗体的窗体

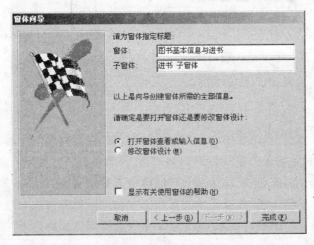

图 5.16　选择子窗体布局

图 5.17　确定窗体标题

（7）单击"完成"按钮，创建如图 5.18 所示的带有进书子窗体的"图书基本信息与进书"窗体。

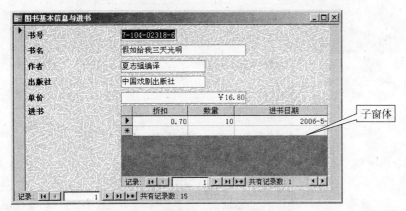

图 5.18　创建的带有子窗体的窗体

【操作练习 4】　使用向导由"图书基本信息"和"售书"表创建带有"售书"子窗体的"图书基本信息和售书"窗体。要求包括"书号"、"书名"、"作者"、"出版社"、"单价"、"折扣"、"数量"和"售书日期"字段。

5.2　设计视图下的窗体操作

有时使用向导创建的窗体并不能满足用户的需要，必须在设计视图窗口中对其进行修改。另外，一些个性化的窗体，必须在设计视图窗口中手工创建。

5.2.1　窗体设计窗口

窗体的设计视图窗口如图 5.19 所示。

1．窗体页眉和页脚

窗体页眉用来显示窗体标题等信息，出现在整个窗体的顶部。窗体页脚用来显示窗体说明等信息，出现在整个窗体的底部。要在设计视图窗口中显示或隐藏窗体页眉/页脚，可单击"视图"→"窗体页眉/页脚"命令。

2．页面页眉和页脚

页面页眉和页脚的作用是用来显示说明、日期和页码等信息，但其中的信息只有在设计视图和打印后才能显示出来，而不会在窗体视图中显示。要在设计视图窗口显示或隐藏页面页眉/页脚，可单击"视图"→"页面页眉/页脚"命令。

3．主体

窗体的核心部分，用于显示记录，以及用户添加的控件等。

图 5.19 窗体的设计视图窗口

4. 控件

控件是窗体设计的重要组件。控件有不同的类型，其目的是提供各类控件的功能。在工具箱中提供了对窗体设计的各种控件。

窗体中的每个部分都可以放置控件，但在窗体中较少使用页面页眉及页脚，它们常用于报表。

5. 数据来源

当创建的窗体需要显示记录时，一定要指定数据的来源。例如，在"职工信息"窗体设计视图中，单击窗体左上角的"窗体"按钮▢，选择窗体对象后，单击工具栏中的"属性"按钮▣，打开如图 5.20 所示的"窗体"对话框。

在该对话框的"记录源"中可以看到该窗体的记录源来自于"职工信息"表。通过记录源，将窗体与数据表或查询表建立连接，就可以从记录源取出记录以及保存记录了。

窗体指定了记录源后，窗体中有的控件也将表中的字段作为记录源，例如，在如图 5.19 所示窗体的主体区单击"姓名"文本框控件，可以在"属性"对话框中看到该控件的数据来源为表的"姓名"字段，如图 5.21 所示。

并不是每个控件都有数据源，例如，在如图 5.19 所示的窗体页眉区单击"职工基本信息"标

图 5.20 "窗体"对话框

114

图 5.21　有的控件有数据源

签控件,在"属性"对话框中可以看到,该控件就没有数据来源,如图 5.22 所示。由于该控件的目的只是作为窗体的标题,与记录没有关系,因此,不需要记录源。

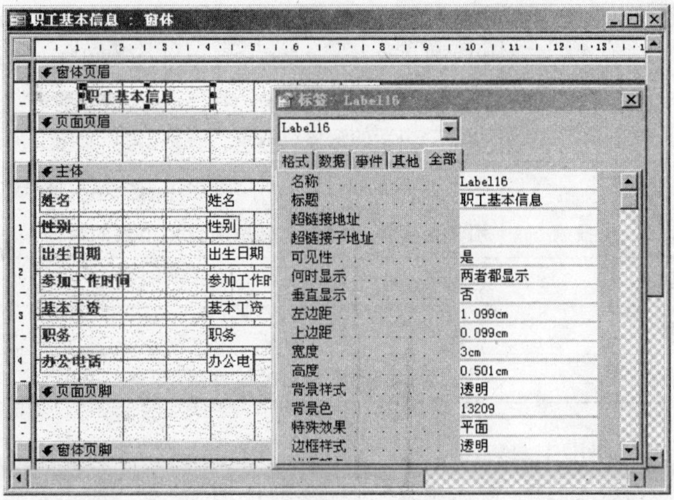

图 5.22　有的控件无数据源

　　另外,在窗体设计视图中还有工具箱、属性对话框、字段列表等,这些工具可根据需要,单击工具栏中的相应按钮,将其显示或隐藏。

5.2.2　工具箱

　　工具箱在工具栏中的图标为 ⚒ 。工具箱中的控件如图 5.23 所示。可以将工具箱中的控件拖到窗体中,成为窗体中的新对象。这些控件的作用如表 5.1 所示。

图 5.23　工具箱

表 5.1　工具箱控件的名称及作用

图标	控件名称	作　用
	选择对象	用于选择窗体中的控件
	控件向导	打开控件向导对话框
Aa	标签	用于显示信息,用户无法编辑
abl	文本框	用于显示和输入用户的信息
	选项组	将单选框、复选框等分组
	切换按钮	用于在自定义对话框或选项组的一部分中接收用户输入的数据的未绑定控件
	单选框	提供用户选择一组中的一个选项
	复选框	提供用户选择一组中的多个选项
	组合框	包含一个文本框和一个列表框
	列表框	提供一系列选项供用户选择
	命令按钮	提供用户执行某个命令
	图像	用于插入图片文件
	未绑定对象框	用于显示未绑定 OLE 对象。当在记录间移动时,该对象保持不变
	绑定对象框	用于显示保存在记录源字段中的 OLE 对象。当在记录间移动时,将显示不同的对象
	分页符	开始一个新的窗体或新页
	选项卡控件	用于在窗体上创建多页的选项卡窗体或对话框
	子窗体/子报表	用于在窗体或报表上显示来自多个表的数据
	直线	在窗体上绘制直线
	矩形	在窗体绘制矩形
	其他控件	用于显示其他不常用的控件菜单

【操作实例 5】 使用工具箱

目标:在"职工基本信息"窗体中,使用标签控件添加一个"职工基本信息"标题。并在该标题的下面添加一个直线分隔。

(1) 在数据库对话框的窗体对象中,选择"职工基本信息"窗体后,单击"设计"按钮,打开"职工基本信息"设计窗口。

(2) 将鼠标光标移到窗体页眉和主体的分隔线处,如图 5.24 所示。向下拖动该分隔线,放大窗体页眉区。

(3) 如果没有显示工具箱,单击工具栏中的"工具箱"按钮 。

(4) 单击工具箱中的"标签"控件 Aa,将鼠标移到窗体内,此时鼠标指针为 $^+$A。在窗体页眉区单击鼠标,出现标签框后,输入文字"职工基本信息"。

(5) 按回车键后,该控件处于选中状态,即控件的四周出现小方块。在格式工具栏的

"字号"下拉列表框中选择 18。

（6）在格式工具栏的"字体颜色"下拉列表框中选择绿色。拖动控件右下角的缩放块，放大控件。然后将鼠标指向控件左上角的大方块，并拖动鼠标，将控件拖到合适的位置，如图 5.25 所示。

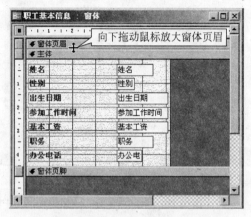

图 5.24　打开的窗体

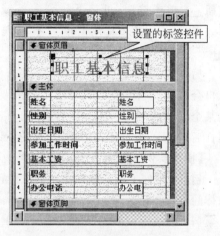

图 5.25　设置标签控件

（7）选择工具箱中的"直线"控件，将鼠标移到窗体内，这时鼠标指针为 +⌐。在窗体页眉区拖动鼠标绘制一条直线。

（8）在格式工具栏中选择直线控件的颜色为"红色"，线条宽度为"3"。

（9）切换到窗体视图，这时，添加了标签和直线控件后的窗体如图 5.26 所示。

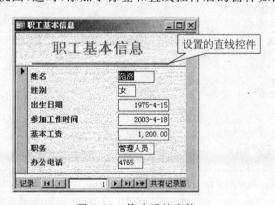

图 5.26　修改后的窗体

【操作练习 5】　将操作实例 5 的"职工基本信息"窗体的窗体页眉设置为黄色背景。

5.2.3　属性对话框

属性对话框在工具栏中的图标为 🔲。如果属性对话框没有显示在设计视图中，单击工具栏中的该图标显示属性对话框，如图 5.20 所示。

在窗体设计窗口中，每个控件都有自己的属性。可以在属性对话框上面的"对象"下拉列表框中选择当前窗体上的某个控件,如图 5.27 所示,然后在下面查看该控件的各属性值。如果要修改其中的某个属性,用鼠标单击之,这时,该属性值框内可能出现下拉按钮 ▼ 或三点按钮 ...,单击按钮,可从下拉列表框或对话框中修改属性值。如果属性值框内不出现下拉按钮 ▼ 或三点按钮 ...,可直接输入要修改的参数。

另外,在窗体设计窗口中单击某个控件,属性窗口会自动显示该控件的属性。如果要了解控件的某个属性的作用,可在该属性框内单击,选中该属性后,按 F1 功能键,打开该属性的辅助说明。

图 5.27　窗体控件下拉列表框

【操作实例 6】　使用属性对话框

目标:继续上面的操作实例,通过属性对话框将窗体中的直线控件修改为点划线,更改窗体的背景图片为 Windows 文件夹中的一个图片。将标签文字的字体更改为"华文隶书"。

(1) 继续上面的操作实例,打开"职工基本信息"窗体的设计视图窗口,如果属性对话框没有打开,单击工具栏中的"属性"按钮 🔲,将其打开。

(2) 单击属性对话框中的"对象"下拉按钮,在弹出的下拉列表框中选择 Line15,如图 5.28 所示。此时,可在属性对话框中查看直线控件的属性值。

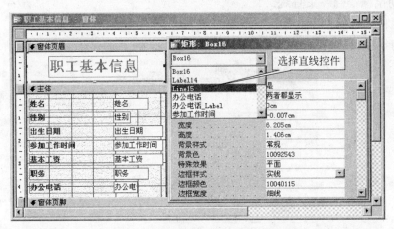

图 5.28　在属性对话框中选择直线控件

(3) 选择其中的"边框样式",然后单击下拉按钮,在下拉列表框中选择边框的样式为"点划线",如图 5.29 所示。将直线控件的边框样式更改为点划线。

(4) 在属性对话框中选择"窗体"控件对象,并选择"全部"选项卡,然后选择其中的"图片"属性,再单击右侧弹出的 ... 按钮,如图 5.30 所示。

(5) 在打开的对话框中选择 Windows 文件夹,并从中选择要插入的图片,如图 5.31 所示。

(6) 单击"确定"按钮,将选择的图片作为窗体的背景,如图 5.32 所示。

图 5.29 更改边框样式

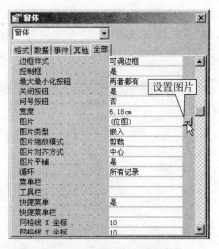
图 5.30 选择窗体的格式选项卡

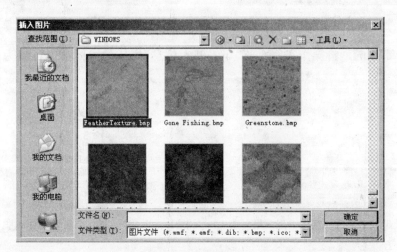
图 5.31 选择图片

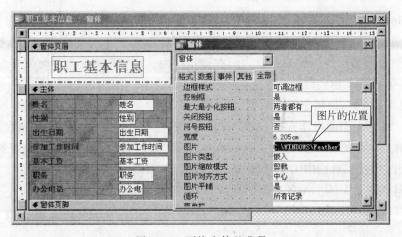
图 5.32 更换窗体的背景

（7）在"对象"下拉列表框中选择标签"Label14"控件，然后在"格式"选项卡的"字体名称"下拉列表框中选择"华文隶书"，如图5.33所示。

（8）切换到窗体视图，修改后的窗体如图5.34所示。

图 5.33　更换标签字体

图 5.34　更改属性后的窗体效果

【操作练习6】　将操作实例6的"职工基本信息"窗体的窗体页眉设置为图5.35所示的效果。

图 5.35　更改的窗体页眉效果

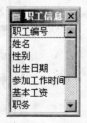

图 5.36　字段列表对话框

5.2.4　字段列表框

字段列表框在工具栏中的图标为▤。如果字段列表框没有显示在设计视图中，单击工具栏中的该图标将显示字段列表框，如图5.36所示。

字段列表框显示窗体数据来源的所有可用字段。从字段列表框中将某个字段拖到窗体内，可将该字段添加到窗体。

【操作实例7】　使用字段列表框

目标：继续上面的操作实例，通过字段列表框将"手机号码"字段添加到窗体中。

（1）继续上面的操作实例，在"职工基本信息"窗体的设计视图窗口中，如果字段列表框没有打开，单击工具栏中的"字段列表"按钮▤，将其打开。

（2）向下拖动窗体主体区下面的框线，将主题区放大。

（3）在字段列表框中选择"手机号码"字段，然后将其拖到窗体主体区的最下面，如图5.37所示。

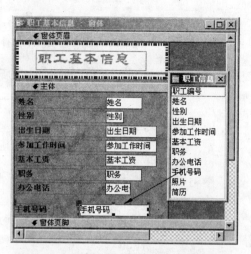

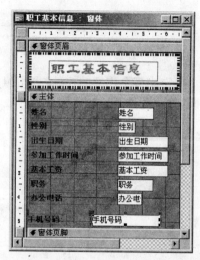

图 5.37　从字段列表框中拖入字段到窗体　　　图 5.38　在窗体中显示标尺和网格

【操作练习 7】　在操作实例 7 的"职工基本信息"窗体中,分别在窗体页眉和页面页眉中添加职工编号字段。然后将其删除。

5.2.5　窗体及其控件的设置

设计窗体时,可使用"格式"菜单中的相应命令,对其中的控件进行修改,以满足用户的需要。

1. 设置标尺和网格

为了更好地设置窗体中的控件大小、位置等,可在窗体中显示或隐藏标尺和网格。方法是单击"视图"→"标尺"或"网格"命令。显示的标尺和网格的窗体如图 5.38 所示。

2. 选取控件

在对控件进行操作之前,必须先选中控件。要选中一个控件,可直接用鼠标在控件内单击,当控件的四周出现 8 个黑色的控制点小方框时,表示该控件已经被选中,如图 5.39 所示。

职工基本信息　　选中控件的标记

图 5.39　选中控件

当选中如图 5.40 所示的"姓名"文本框控件时,可以看到该文本框左侧的标签控件的左上角也出现一个大方块控制点。表示该控件组由两部分组成,即标签和文本框。其中的标签对文本框的内容起说明作用。当鼠标移到控件内显示如图 5.41 所示的指针样式时,移动其中的一个控件,另一个控件也会随之移动。

如果要移动其中的一个控件,将鼠标指针移到控件左上角的大方块上,当鼠标指针变为如图 5.42 所示的形状时,移动鼠标即可。

图 5.40 选中文本框控件组   图 5.41 移动控件组   图 5.42 移动一个控件

要选中多个连续的控件,可用鼠标从控件组的左上角拖到右下角,如图 5.43 所示。这时,选中的多个连续的控件如图 5.44 所示。

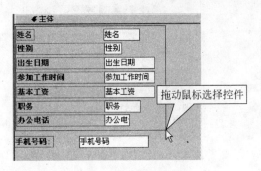

图 5.43 选中连续的控件   图 5.44 选中的连续控件

要选中全部的控件,可单击"编辑"→"全选"命令。

要选择多个不连续的控件,按住 Shift 键的同时,单击要选择的控件,如图 5.45 所示。

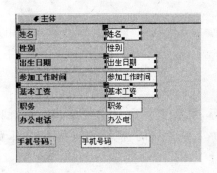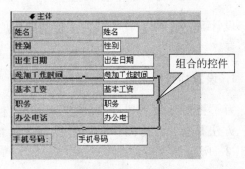

图 5.45 选中不连续的控件   图 5.46 组合控件

3. 组合控件

将多个控件组合起来后,可以使控件组中的控件作为一体进行缩放、移动等操作。要组合控件,可在选中多个控件后,单击"格式"→"组合"命令,组合后的控件四周会出现一个矩形黑框,如图 5.46 所示。

要取消对控件的组合,选中控件组后,可单击"格式"→"取消组合"菜单命令。

4. 移动控件

要移动控件,首先选中控件,然后按键盘上的方向键即可。另外,将鼠标移到控件内显示"小手"形状的指针时,拖动鼠标,如图 5.47 所示。移动后的控件如图 5.48 所示。

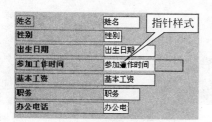

图 5.47　移动控件过程

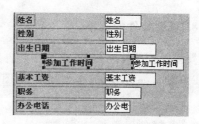

图 5.48　移动控件后

5. 缩放控件

选中控件后,将鼠标移到选中标记的小方块上,使光标显示为双向箭头时,向内或向外拖动鼠标即可缩放控件,如图 5.49 所示。

图 5.49　缩放控件

6. 对齐控件

要使多个控件对齐,选中控件后,如图 5.50 所示,依次单击"格式"、"对齐"菜单命令,在如图 5.51 所示的"对齐"子菜单中选择相应的选项。

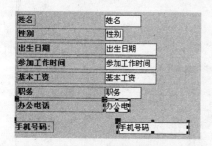

图 5.50　选中控件

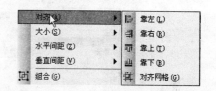

图 5.51　对齐子菜单

另外,如果窗体显示了网格,还可以设置将控件对齐到网格。

7. 设置控件的大小

要设置控件的大小,可在选中控件后,单击"格式"→"大小"命令,在如图 5.52 所示的"大小"子菜单中选择相应的选项。图 5.53 所示为对图 5.50 选中的控件应用"至最宽"菜单命令的效果。

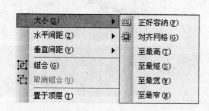

图 5.52　"大小"子菜单

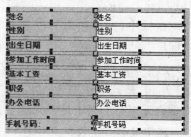

图 5.53　至最宽控件的大小

8. 设置控件的间距

要设置控件的间距,可在选中控件后,单击"格式"→"水平间距"或"垂直间距"菜单命令,在如图 5.54 所示的"水平间距"或图 5.55 所示的"垂直间距"子菜单中选择相应的选项。

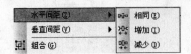

图 5.54 "水平间距"子菜单　　　　图 5.55 "垂直间距"子菜单

9. 设置重叠控件的上、下层

当两个以上的控件重叠时,可以根据需要设置控件置于上面或置于下面。方法是选中控件后,单击"格式"→"置于顶层"或"置于底层"命令。

10. 更改窗体背景

要改变窗体背景的格式,可单击"格式"→"自动套用格式"命令,在打开的"自动套用格式"对话框中选择需要的样式,如图 5.56 所示。

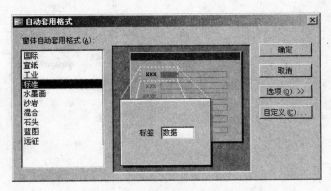

图 5.56 "自动套用格式"对话框

【操作实例 8】 设置窗体与控件

目标:继续上面的操作实例,设置"手机号码"字段与其他字段大小相同并对齐,然后将背景更改为其他样式。

(1)继续上面的操作实例,在"职工基本信息"窗体的设计视图窗口中,如果没有显示网格和标尺,则单击"视图"→"标尺"或"网格"命令,显示网格和标尺。

(2)选中最后两个控件,如图 5.57 所示。

(3)单击"格式"→"垂直间距"→"减少"命令,将两个控件的垂直距离与上面的控件距离设置为相同。

(4)选中最后一个控件文本框(手机号码),并向左拖动右框线上中间的小方块,将文本框缩小。

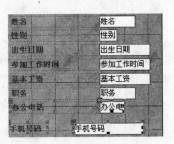

图 5.57 选中两个控件

（5）对准"手机号码"文本框控件左上角的大方块，水平向右拖动鼠标，将其拖到位于上面控件右侧的位置，如图 5.58 所示。

（6）选择最后两个控件，单击"格式"→"对齐"→"靠左"命令，将最后一个控件与其他控件对齐。

（7）单击窗体左上角的方块，选中窗体对象后，单击"格式"→"自动套用格式"命令，在打开的"自动套用格式"对话框中选择"混合"格式，并单击"确定"按钮，将窗体格式更改为混合格式。

（8）将窗体对象调整为合适的字体、字号、控件大小等，修改后的窗体效果如图 5.59 所示。

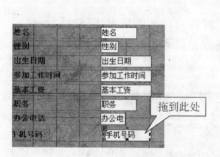

图 5.58　移动控件

图 5.59　修改后的窗体

【操作练习8】　将前面"进书信息"窗体调整为如图 5.60 所示的样式。

图 5.60　修改后的进书信息窗体

5.3　使用设计视图创建窗体

借助于窗体中的这些工具，不仅可以修改使用向导创建的窗体，还可以手工创建各种灵活的、满足用户需要的窗体。可以创建纵栏式的窗体、表格式的窗体，也可以创建对数据库进行管理的窗体界面。

5.3.1 手工创建窗体

手工创建窗体比较简单,只需将所需的字段控件拖到窗体中即可。但是,要创建窗体的字段必须在一个数据表或查询表中。如果要创建窗体所需的字段在不同的表中,可以先通过查询操作创建包括这些字段的查询表。

要创建纵栏式窗体,可将需要的字段拖到主体区。要创建表格式窗体,可将字段名称(标签)放在窗体页眉区,记录(文本框)放在主体区。

手工创建窗体比较麻烦,最好是使用向导创建窗体后,再将窗体修改为合适的样式。

【操作实例 9】 手工创建窗体

目标:新建一个如图 5.61 所示的"库存信息"窗体。

(1)在数据库的"窗体"对象中,单击"新建"按钮,打开"新建窗体"对话框。

(2)在该对话框的"请选择该对象数据的来源表或查询"下拉列表框中选择"库存"查询表,如图 5.62 所示。

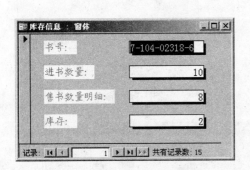

图 5.61 创建的纵栏式窗体

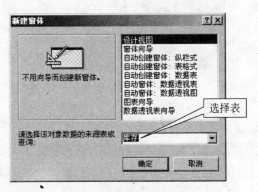

图 5.62 选择表的来源

(3)单击"确定"按钮,新建一个空白窗体,同时显示所选表的字段列表框,如图 5.63 所示。

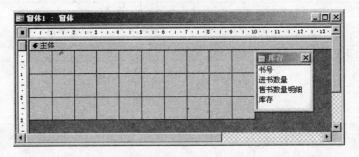

图 5.63 新建窗体界面

(4)分别将字段列表框中各字段拖到窗体的主体区,如图 5.64 所示。

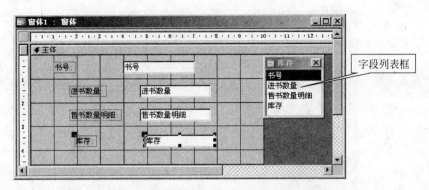

图 5.64　将其他字段拖到窗体的主体区

（5）选中所有的标签控件后，单击"格式"→"对齐"→"靠左"命令，将这些控件对齐。

（6）使用格式工具栏中的相应工具，将字体设置为"楷体"，将字号设置为 12 号，将字体颜色设置为"深黄色"，将填充设置为"浅黄色"。

（7）将标签控件放大后，使其中的文字能够全部显示。

（8）选中所有的文本框控件后，单击"格式"→"对齐"→"靠左"命令，将这些控件左对齐。

（9）设置字号为 12 号，并调整控件为合适的大小。

（10）单击格式工具栏中的"特殊效果" ☐ 按钮，并在下拉列表框中选择"阴影"效果。

（11）选中所有控件，单击"格式"→"垂直间距"→"相同"菜单命令，将这些控件的垂直间距设置为相同。

（12）保存设计的窗体，名称为"库存信息"。

（13）切换到窗体视图，这时的窗体如图 5.61 所示。

【操作练习 9】　新建一个表格式的"供应商信息"窗体。

5.3.2　自定义窗体简化数据输入

为了方便用户对数据的输入，可以通过自定义窗体，设计在窗体中使用组合框、单选框、复选框、子窗体等，创建可快速输入数据的界面。另外，还可以在窗体中添加子窗体。

【操作实例 10】　简化窗体的输入

目标：在新建的"职工信息"窗体中，使该窗体中的"性别"字段和"职务"字段用列表框绑定。

（1）在数据库对话框的"表"对象中，选中"职工信息"表。

（2）单击"插入"→"自动窗体"命令，生成"职工信息"窗体。将窗体名称保存为"职工信息 1"。

（3）进入窗体的设计窗口，如图 5.65 所示。

（4）将鼠标对准"性别"文本框控件右击，在弹出的控件菜单中单击"更改为"→"列表框"命令，如图 5.66 所示。这时的"性别"文本框更改为如图 5.67 所示的效果。

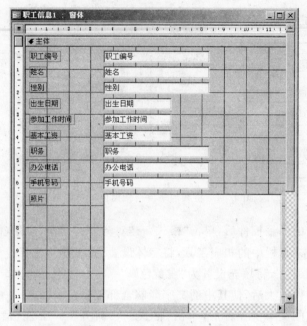

图 5.65　职工信息窗体设计视图

图 5.66　使用快捷菜单

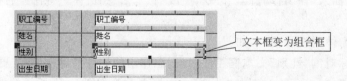

图 5.67　将文本框变为组合框

（5）打开"属性"对话框。将"性别"组合框的"行来源类型"更改为"值列表"；将"行来源"属性值手工设置为""男"；"女""，如图 5.68 所示。

（6）用同样的方法将"职务"文本框控件改为组合框。将其中的"行来源类型"更改为"值列表"；其中的"行来源"为记录中经常输入的数据""管理人员"；"总经理"；"销售人员"；"采购人员"；"部门经理""，如图 5.69 所示。

图 5.68　设置性别组合框的属性

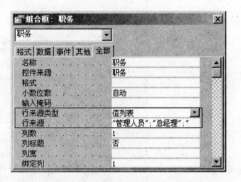

图 5.69　设置职务组合框的属性

（7）切换到窗体视图,当单击"职务"下拉按钮时,可弹出如图 5.70 所示的下拉列表框,这样,输入记录时,可直接从列表框中选择其中的数据。

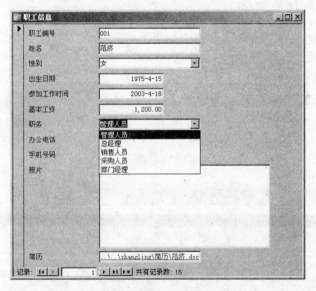

图 5.70　组合框的窗体视图

（8）保存修改的窗体。

通过添加子窗体,可以将多个表放在一个窗体中,使数据输入和浏览变得很简单。

【操作练习 10】　新建一个"图书进售信息"窗体。要求在一个窗体中将图书基本信息作为主窗体,将进书和售书作为子窗体,参见图 5.71。

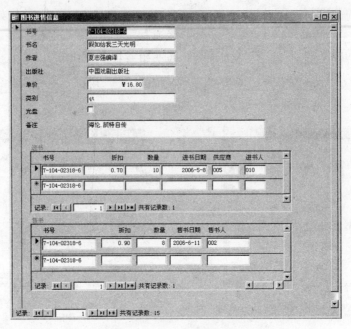

图 5.71 将多个表放在一个窗体中的效果

5.3.3 创建控制面板窗体

在设计视图窗体中,借助于工具箱中的工具可以为窗体添加工具按钮等,以便对表、查询、窗体、报表等对象进行快速操作。

【操作实例 11】 创建控制面板窗体

目标:创建控制面板窗体,要求在窗体中添加可打开"库存"窗体的命令按钮。

(1) 在数据库对话框的"窗体"对象中,双击"在设计视图中创建窗体"选项,打开新建窗体的设计窗口。

(2) 选中工具箱中的"控件向导"按钮,如图 5.72 所示。

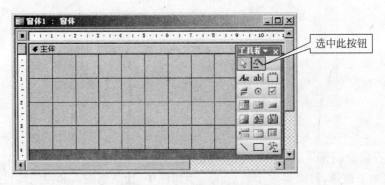

图 5.72 选中控件向导按钮

(3) 单击工具箱中的"命令按钮"工具![按钮],并在主体区单击鼠标,绘制一个命令按钮,这时会打开"命令按钮向导"对话框。

（4）在"类别"列表框中选择命令按钮所对应的操作类别为"窗体操作"，并在"操作"列表框中选择操作的动作为"打开窗体"，如图 5.73 所示。

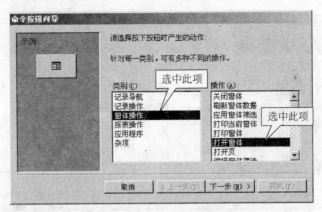

图 5.73　在命令按钮向导对话框中选择对应的动作

（5）单击"下一步"按钮，在接下来的对话框中选择要打开的窗体，如图 5.74 所示。

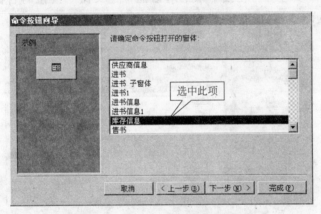

图 5.74　选择要打开的窗体

（6）单击"下一步"按钮，在接下来的对话框中使用默认设置，如图 5.75 所示。

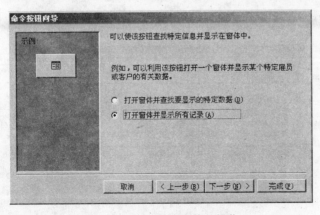

图 5.75　选择打开窗体的操作

(7) 单击"下一步"按钮，在接下来的对话框中选择命令按钮上显示的内容，如图5.76所示。

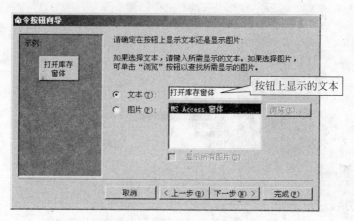

图 5.76 设置按钮上显示的内容

(8) 单击"下一步"按钮，在接下来的对话框中定义命令按钮的名称，可使用默认名称，如图5.77所示。

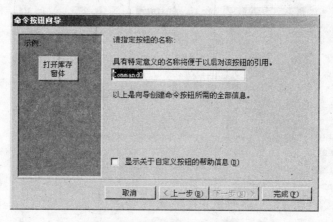

图 5.77 定义命令按钮的名称

(9) 单击"完成"按钮，在窗体添加一个如图5.78所示的"打开库存窗体"命令按钮。

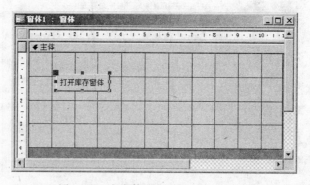

图 5.78 在窗体添加的1个命令按钮

（10）将窗体保存为"控制面板"后，切换到窗体视图，效果如图 5.79 所示。

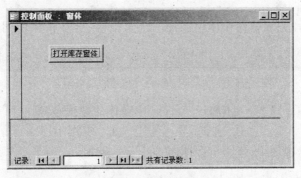

图 5.79　窗体视图效果

（11）单击"打开库存窗体"命令按钮，可以打开对应的"库存信息"窗体，如图 5.80 所示。

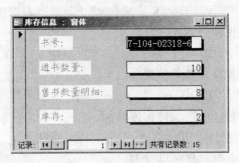

图 5.80　打开的对应窗体

【操作练习 11】　修改"职工基本信息"窗体，在窗体中添加可对记录进行快速操作的"添加记录"、"查找记录"、"保存记录"命令按钮。

5.4　练习题

5.4.1　填空题

1. _____是以表或查询为基础而创建的，为用户提供操作表或查询中的数据界面。

2. 创建窗体的方式包括_____、_____和_____。

3. 在窗体设计视图中_____和_____是成对出现的。

4. _____只能显示为纵栏式窗体，_____可以显示为数据表窗体。

5. 在_____可以对窗体中的控件进行修改。

6. 控件可以由_____和_____添加到窗体。

7. 使用"格式"菜单中的_____命令可以快速设置窗体的字体、颜色和边框等。

8. 要修改控件中的某个特性，可通过_____对话框进行修改。

9. 如果两个控件相叠,要将其中的一个控件置于底层,可通过"格式"菜单中的
_____命令进行调整。

10. 当通过字段列表框向窗体中添加一个字段时,会在窗体中同时出现_____和
_____控件。

5.4.2　选择题

1. 下列选项中,_____不属于 Access 中窗体的数据来源。
    A. 表　　　　　　　B. 查询　　　　　　　C. SQL　　　　　　　D. 信息

2. 在窗体设计视图中,至多可以使用_____种节。
    A. 3　　　　　　　　B. 4　　　　　　　　C. 5　　　　　　　　D. 6

3. 在 Access 中,窗体的类型分为_____种。
    A. 3　　　　　　　　B. 4　　　　　　　　C. 5　　　　　　　　D. 6

4. 在 Access 中,在窗体中的一个窗体称为_____。
    A. 主窗体　　　　　B. 子窗体　　　　　C. 数据表窗体　　　D. 表格式窗体

5. 窗体有_____视图方式。
    A. 1　　　　　　　　B. 2　　　　　　　　C. 3　　　　　　　　D. 4

6. 下列_____不是窗体必备的部分。
    A. 控件　　　　　　B. 节　　　　　　　C. 数据来源　　　　D. 控件和节

7. 标签控件通常通过_____向窗体添加。
    A. 字段类别　　　　B. 工具箱　　　　　C. 属性表　　　　　D. 节

8. 在 Access 中,文本框控件可以分为_____。
    A. 结合型、对象型、非结合型　　　　　B. 结合型、数据型、计算型
    C. 结合型、计算型、非结合型　　　　　D. 计算型、非结合型、对象型

9. 绑定控件的数据来源是_____。
    A. 记录内容　　　　B. 字段值　　　　　C. 表达式　　　　　D. 文本框

10. 在窗体中添加_____控件,可以设置打开另一个窗体。
    A. 标签　　　　　　B. 文本框　　　　　C. 命令按钮　　　　D. 选项按钮

5.4.3　操作题

1. 分别创建纵栏式和表格式的学生表窗体。

2. 创建一个学生表窗体,并将"选课成绩表"窗体作为子窗体插入学生表窗体中。

3. 设计一个窗体,用来输入教师表,要求其中的性别、政治面目、学历、职称、系别字段使用下拉列表框控件。

4. 创建一个主窗体,在该窗体中包括打开前面创建的窗体的命令按钮,并且还可以打开 3 个查询表的命令按钮。

第6章

报表

在实际应用中,经常需要将数据表、查询表中的数据打印出来,而且还希望对数据进行分类汇总、求和等计算。对于简单的报表,可以直接将数据表、查询表自动生成报表,如果要输出复杂的报表,可以使用向导或设计视图创建所需的报表。

6.1 报表基本操作

报表的设计界面与窗体相似,另外,在报表中还可以加入页码、打印日期、分组计算、多栏等。在使用报表功能前,至少在计算机上安装一部打印机。如果不能真的连接打印机,也要安装打印机的驱动程序。

6.1.1 报表对象

在 Access 的"图书管理"数据库中,单击"报表"对象,这时的数据库窗口如图 6.1所示。

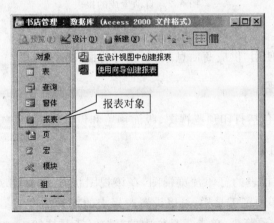

图 6.1 报表对象

在该窗口中,可以选择通过向导创建报表;选择在设计视图中创建报表;还可以通过"新建"按钮,在"新建"对话框中选择创建报表、图表和标签。创建的报表包括纵栏式报表、表格式报表以及横向或纵向页码的报表。

6.1.2 自动生成报表

要直接将数据表生成报表,可使用自动生成报表功能。

【操作实例1】 自动生成报表

目标:使用自动生成报表功能生成"图书基本信息"报表。

(1)在数据库对话框的"表"对象中,选择要自动创建报表的数据表,如"图书基本信息"。

(2)单击"插入"→"自动报表"命令,则自动生成如图6.2所示的纵栏式报表。

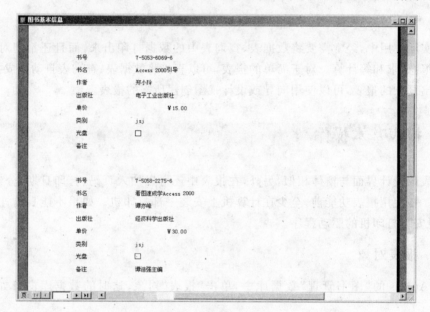

图6.2 自动生成的报表

(3)保存生成的报表,名称为"图书基本信息"。

【操作练习1】 使用"供应商信息"表创建自动报表。

6.1.3 报表的视图

报表的视图方式包括打印预览视图、版面预览和设计视图。

1. 打印预览视图

如图6.3所示为报表的打印预览视图,在该视图状态下,会在Access窗口显示打印预览工具栏,通过打印预览工具栏,可以设置对报表的查看方式。

- 要放大或缩小预览页,单击工具栏中的"缩放"工具按钮 ，将鼠标移到页面中,在放大镜指针中显示"＋"标记时,单击页面,则放大页面;如果在放大镜指针中显示"－"标记时,单击页面,则缩小页面。
- 要单页或多页显示页面时,可使用工具栏中的"单页" 、"双页" 或"多页" 工

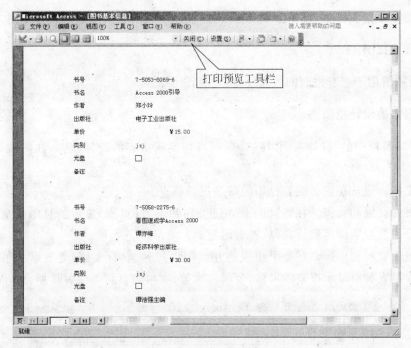

图 6.3　报表预览视图

具按钮。

- 要设置页面的显示比例,可单击工具栏中的"显示比例"工具按钮,在弹出的下拉
列表框中选择显示比例,如图 6.4 所示。

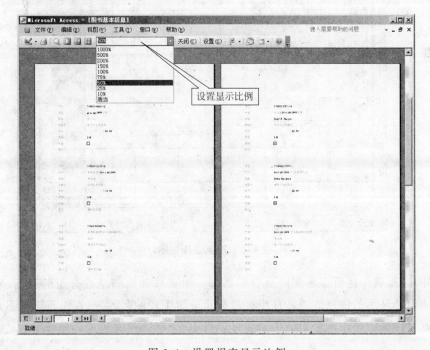

图 6.4　设置报表显示比例

- 要结束报表预览,可单击工具栏中的"关闭"按钮,进入报表的设计视图。

2. 版面视图

版面视图用于查看报表的版面设置,参见图 6.3。

3. 报表的设计视图

单击工具栏中的"设计视图"按钮![按钮],可以切换到报表的设计视图,如图 6.5 所示,其中包括:

- 主体。通常在该区放置打印的每条记录信息。
- 页面页眉和页脚。在每页的上方(页眉)和下方(页脚)显示的打印信息。通常在页眉放置字段名称,页脚放置页码等。
- 报表页眉和页脚。在整个报表的开始(页眉)和结束(页脚)处显示的信息。通常在报表页眉显示报表的名称、公司名称等;在报表页脚处放置日期、总计等。

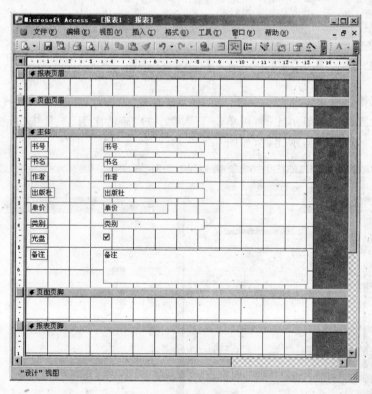

图 6.5　报表设计视图

另外,在报表中还可以添加组页眉和页脚。组页眉和页脚是在分组的开始(页眉)和结束(页脚)处显示的信息。通常在组页眉显示分组字段的名称等,在组页脚处显示合计、求平均值等计算结果。一个报表中最多可以对 10 个字段或表达式进行分组。

6.2 使用向导创建报表

使用报表向导可以从多个表创建所需的字段,并且可以对数值类型的数据进行分组计算、汇总计算等。

6.2.1 使用向导创建表格式报表

使用 Access 的报表向导,可以方便地生成报表。

【操作实例 2】 使用向导生成表格式报表

目标:使用向导生成表格式的"进书"报表,要求其中包括"图书基本信息"的"书号、书名、出版社、单价"字段,以及"进书"表中的"折扣、数量、进书日期、进书人"字段。

(1) 在数据库对话框的对象栏中,单击"报表"对象,使数据库处于"报表"对象。

(2) 双击"使用向导创建报表"选项,打开"报表向导"对话框。

(3) 在该对话框中分别从"图书基本信息"和"进书"表中选择所需的字段,如图 6.6 所示。

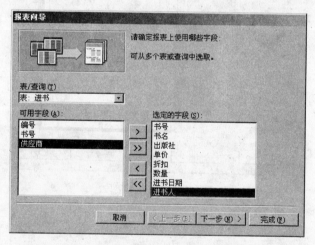

图 6.6 在"报表向导"对话框选择字段

(4) 单击"下一步"按钮,在接下来的对话框中选择数据的查看方式,如图 6.7 所示。

(5) 单击"下一步"按钮,在接下来的对话框中不选择报表的分组字段,如图 6.8 所示。

(6) 单击"下一步"按钮,在接下来的对话框中选择报表排序的字段为"出版社",如图 6.9 所示。

(7) 单击"下一步"按钮,在接下来的对话框中选择报表的布局,如图 6.10 所示。

(8) 单击"下一步"按钮,在接下来的对话框中选择报表的样式,如图 6.11 所示。

(9) 单击"下一步"按钮,在接下来的对话框中选择报表的标题,如图 6.12 所示。

(10) 单击"完成"按钮,完成报表的创建,如图 6.13 所示。

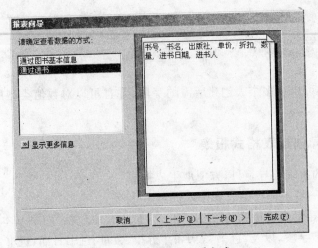

图 6.7　选择数据查看方式

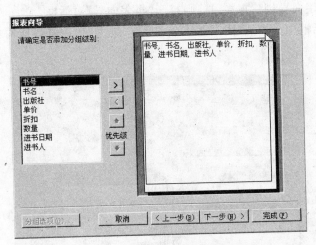

图 6.8　选择分组字段

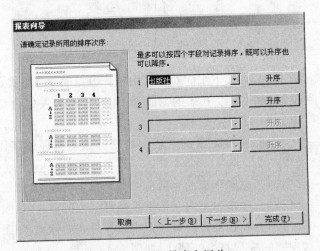

图 6.9　选择排序和汇总

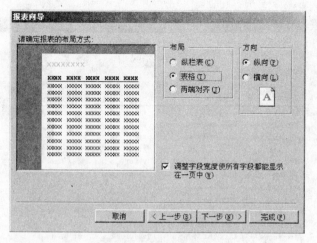

图 6.10　选择报表的布局

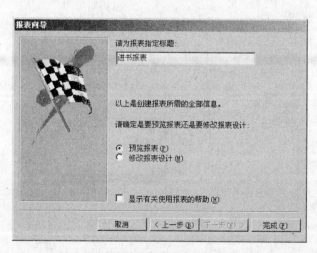

图 6.11　选择报表的样式

图 6.12　指定报表的标题

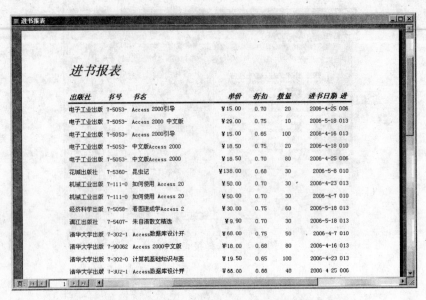

图 6.13　使用向导生成的表格式报表

【操作练习 2】　使用向导创建"库存"报表。

6.2.2　使用向导创建分组汇总报表

使用向导还可以创建诸如按供应商分组的报表,并且可以进行分组汇总计算。

【操作实例 3】　使用向导生成分组汇总报表

目标:使用向导创建按供应商分组,并对数量求和、对折扣求平均值的"进书额"汇总的报表。

(1) 在数据库"报表"对象中,双击"使用向导创建报表"选项,打开"报表向导"对话框。

(2) 在对话框中选择创建报表所需的"进书额"查询表,并选择其中的全部字段,如图 6.14 所示。

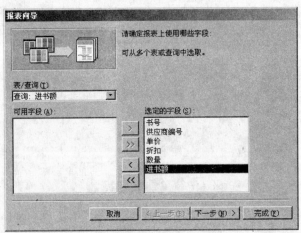

图 6.14　在"报表向导"对话框选择字段

（3）单击"下一步"按钮,在接下来的对话框中选择"供应商编号"作为报表分组的字段,如图 6.15 所示。

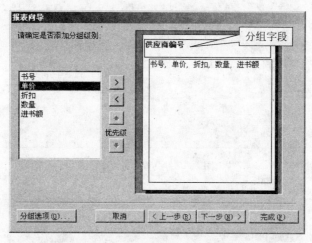

图 6.15　选择分组字段

（4）单击"下一步"按钮,在接下来的对话框中选择报表排序的字段为"书号",如图 6.16 所示。

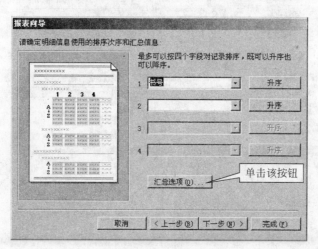

图 6.16　选择排序字段

（5）单击"报表向导"对话框中的"汇总选项"按钮,在打开的"汇总选项"对话框中设置汇总值,如图 6.17 所示。

（6）单击"确定"按钮,回到如图 6.16 所示的对话框。

（7）单击"下一步"按钮,在接下来的对话框中选择报表的布局,如图 6.18 所示。

（8）单击"下一步"按钮,在接下来的对话框中选择报表的"方向"为"横向"。

（9）单击"下一步"按钮,在接下来的对话框中选择报表的标题,如"供应商进书额"。

（10）单击"完成"按钮,完成报表的创建,如图 6.19 所示。

【操作练习3】　创建按供应商分组,并对销售额进行汇总的报表。

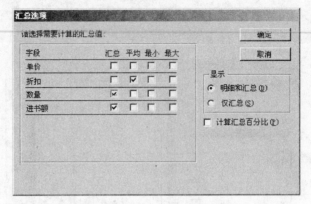

图 6.17 设置汇总字段

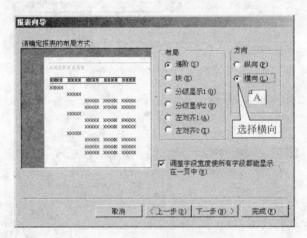

图 6.18 选择报表的布局

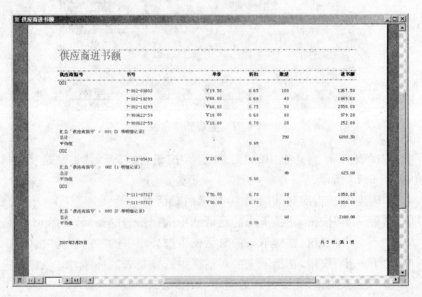

图 6.19 使用向导生成的分组统计报表

6.3 使用设计窗口修改和创建报表

如果借助于向导创建的报表不够理想,或者要创建复杂一些的报表,可以在报表的设计视图窗口手工设置。在设计视图中创建报表的方法,可参考窗体设计视图中的窗体创建方法。

6.3.1 报表的修改

【操作实例 4】 报表的修改

目标:修改操作实例 2 创建的“进书报表”,将页面更改为横向,使各字段的内容可以全部显示,修改后的效果如图 6.20 所示。

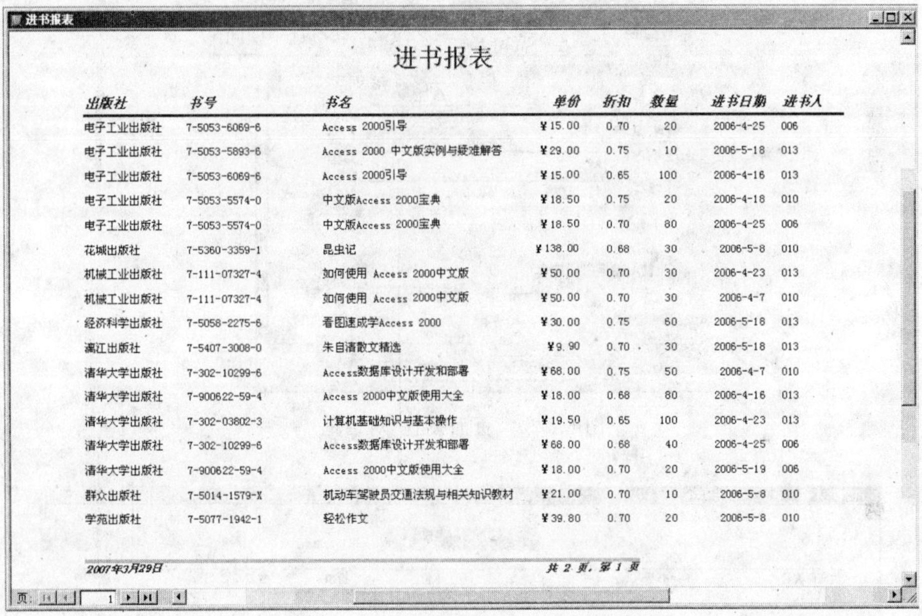

出版社	书号	书名	单价	折扣	数量	进书日期	进书人
电子工业出版社	7-5053-6069-6	Access 2000引导	¥15.00	0.70	20	2006-4-25	006
电子工业出版社	7-5053-5893-6	Access 2000 中文版实例与疑难解答	¥29.00	0.75	10	2006-5-18	013
电子工业出版社	7-5053-6069-6	Access 2000引导	¥15.00	0.65	100	2006-4-16	013
电子工业出版社	7-5053-5574-0	中文版Access 2000宝典	¥18.50	0.75	20	2006-4-18	010
电子工业出版社	7-5053-5574-0	中文版Access 2000宝典	¥18.50	0.70	80	2006-4-25	006
花城出版社	7-5360-3359-1	昆虫记	¥138.00	0.68	30	2006-5-8	010
机械工业出版社	7-111-07327-4	如何使用 Access 2000中文版	¥50.00	0.70	30	2006-4-23	013
机械工业出版社	7-111-07327-4	如何使用 Access 2000中文版	¥50.00	0.70	30	2006-4-7	010
经济科学出版社	7-5058-2275-6	看图速成学Access 2000	¥30.00	0.75	60	2006-5-18	013
漓江出版社	7-5407-3008-0	朱自清散文精选	¥9.90	0.70	30	2006-5-18	013
清华大学出版社	7-302-10299-6	Access数据库设计开发和部署	¥68.00	0.75	50	2006-4-7	010
清华大学出版社	7-900622-59-4	Access 2000中文版使用大全	¥18.00	0.68	80	2006-4-16	013
清华大学出版社	7-302-03802-3	计算机基础知识与基本操作	¥19.50	0.65	100	2006-4-23	013
清华大学出版社	7-302-10299-6	Access数据库设计开发和部署	¥68.00	0.68	40	2006-4-25	006
清华大学出版社	7-900622-59-4	Access 2000中文版使用大全	¥18.00	0.70	20	2006-5-19	006
群众出版社	7-5014-1579-X	机动车驾驶员交通法规与相关知识教材	¥21.00	0.70	10	2006-5-8	010
学苑出版社	7-5077-1942-1	轻松作文	¥39.80	0.70	20	2006-5-8	010

2007年3月29日 共 2 页,第 1 页

页: 1

图 6.20 修改后的报表

(1) 在“报表”对象中,选择“进书报表”,然后单击“设计”按钮,打开“进书报表”设计视图窗口,如图 6.21 所示。

(2) 单击“文件”→“页面设置”命令,打开“页面设置”对话框。

(3) 在该对话框的“页”选项卡中,选择打印方向为“横向”,如图 6.22 所示。

(4) 单击“确定”按钮,将页面改为横向。

(5) 在报表设计视图中缩放、移动、对齐其中的字段控件,方法可参考在窗体中对控件的设置。

(6) 另外保存修改后的报表为“进书报表 1”。

【操作练习 4】 修改后的供应商进书额报表如图 6.23 所示。

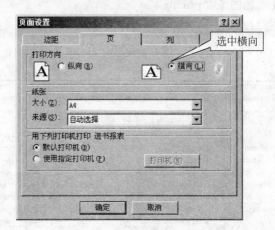

图 6.21　报表设计视图窗口

图 6.22　"页面设置"对话框

供应商编号	书号	单价	折扣	数量	进书额
001					
	7-302-03802	￥19.50	0.65	100	1267.50
	7-302-10299	￥68.00	0.68	40	1849.60
	7-302-10299	￥68.00	0.75	50	2550.00
	7-900622-59	￥18.00	0.68	80	979.20
	7-900622-59	￥18.00	0.70	20	252.00
汇总 '供应商编号' = 001 (5 项明细记录)					
总计				290	6898.30
平均值			0.69		
002					
	7-113-05431	￥23.00	0.68	40	625.60
汇总 '供应商编号' = 002 (1 明细记录)					
总计				40	625.60
平均值			0.68		
003					
	7-111-07327	￥50.00	0.70	30	1050.00
	7-111-07327	￥50.00	0.70	30	1050.00

供应商进书额

2007年3月29日　　　　　　　　　　　　　　　　　　共 4 页, 第 1 页

图 6.23　修改后的供应商报表

6.3.2 手工设计报表

在报表设计视图中可以通过使用函数,在报表页眉/页脚、页面页眉/页脚或组页眉/页脚中添加日期、页码、计算求和、平均值等。这些函数可通过文本框添加到报表中。如表 6.1 所示为在报表中经常使用的函数及表达式。

表 6.1　报表常用函数和表达式

函数和表达式	结　　果
=[page]	1、2、3
="第"&[page]&"页"	第 1 页、第 2 页、第 3 页
=[page]&"/"&[pages]	1/5、2/5、3/5、4/5、5/5
=Format([page],"000")	001、002、003
=[数量]*[单价]	数量和单价字段的乘积
=Date()	当前的日期
=Now()	当前的日期和时间
=Sum[数量]	求总数量

【操作实例 5】　手工设计报表

目标:创建一个职工信息报表,要求在报表中显示按职务分组的平均工资,在报表的页脚区显示当前日期,在页面页脚区显示当前页和总页数。

(1) 在数据库"报表"对象中,单击"新建"按钮,打开"新建报表"对话框。

(2) 在右上方的列表框中选择"设计视图"选项。在"请选择该对象数据的来源表或查询"下拉列表框中选择创建报表所需的表"职工信息",如图 6.24 所示。

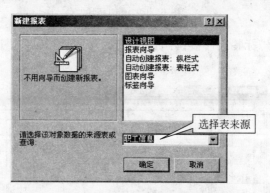

图 6.24　"新建报表"对话框

(3) 单击"确定"按钮,进入新建报表的设计窗口,如图 6.25 所示。

(4) 将"职工编号"字段从字段列表框中拖到报表的主体区,如图 6.26 所示。

(5) 选中"职工编号"标签,按 Ctrl ＋ X 组合键,剪切该控件。

(6) 单击页面页眉区,然后按 Ctrl ＋ V 组合键,在页眉区粘贴该控件。

图 6.25　报表设计视图窗口

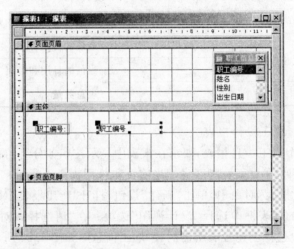

图 6.26　添加字段

（7）将"职工编号"标签控件移到合适的位置，并调节页面页眉区和主体区的大小，如图 6.27 所示。

图 6.27　调整字段

（8）用同样的方法添加其他字段，如图 6.28 所示。

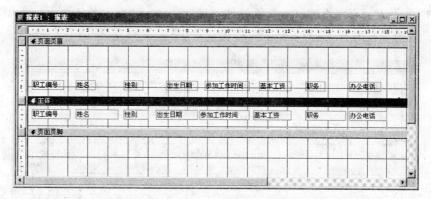

图 6.28　添加所有字段

（9）选中页面页眉区的所有控件，并将这些控件的字号设置为 10，文字加粗，并删除标签控件中的"："。

（10）在工具箱中选择"文本框"控件，然后在页面页脚区添加一个文本框控件，如图 6.29 所示。

图 6.29　添加文本框控件

（11）删除文本框所附带的标签。在文本框中输入公式"＝[Page] & "/" & [Pages]"，如图 6.30 所示。

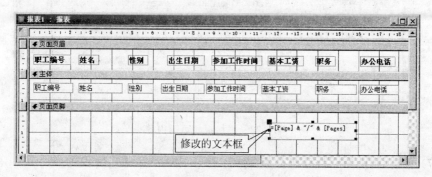

图 6.30　添加页码公式

（12）单击"视图"→"报表页眉/页脚"命令，在报表窗口显示报表页眉页脚区。

（13）在报表页眉区添加一个标签控件，在控件中输入"职工职务分组信息表"。然后将控件设置为华文隶书、22号、绿色字、黄色底纹，如图6.31所示。

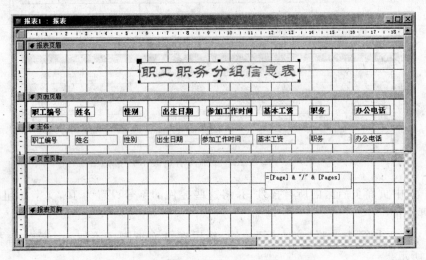

图6.31　添加报表页眉内容

（14）在页面页眉区的标签下面添加一条2号橘黄色的直线。

（15）在报表页脚区添加一个文本框控件，删除附带的标签后，在文本框中输入公式"＝Date( )"。

（16）将页面页脚和报表页脚区的文本框控件的字号设置为12号，如图6.32所示。

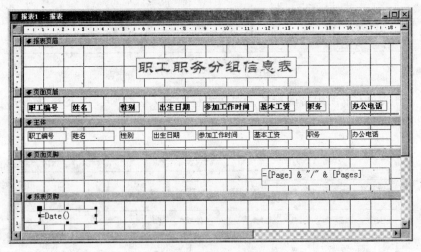

图6.32　添加报表页脚内容

（17）单击"视图"→"排序与分组"命令，打开"排序与分组"对话框。

（18）在"字段/表达式"列的第1个单元格中单击，并单击弹出的下拉按钮，在弹出的下拉列表框中选择"职务"。

(19) 将"排序次序"设置为"升序"。

(20) 在下面的"组属性"中,将组页眉和组页脚设置为"是",如图 6.33 所示。

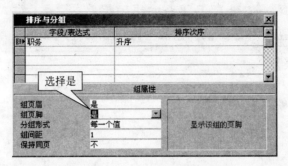

图 6.33 "排序与分组"对话框

(21) 关闭该对话框后,在报表设计窗口中显示职务组页眉和页脚。

(22) 将"职工信息"列表框中的"职务"字段拖到"职务页眉"区,并删除其中的标签控件。设置文本框为隶书、12 号、红色字、黄色底纹。

(23) 在"职务页脚"区添加一个文本框,在其中的标签中输入"平均工资";在文本框中输入"＝Avg(［基本工资］)",并将其格式属性设置为"固定"。

(24) 选中该文本框和标签控件,将它们设置为 11 号、蓝色字、黄色底纹。

(25) 删除主体和页面页眉区的职务控件,并将报表设置为如图 6.34 所示的效果。

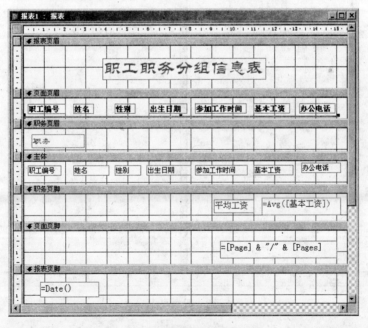

图 6.34 设置的分组页眉页脚

(26) 切换到报表预览视图后,报表的预览效果如图 6.35 和图 6.36 所示。

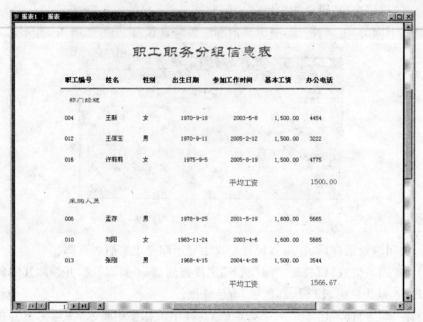

图 6.35　单页显示报表

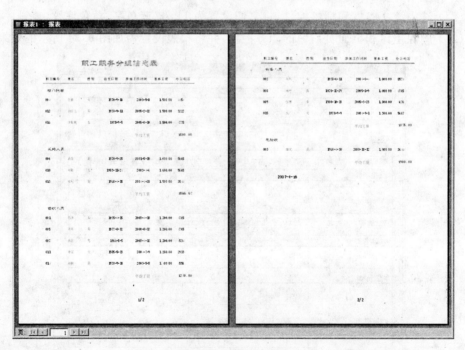

图 6.36　双页显示报表

（27）将报表保存为"职工职务分组信息表"。

【操作练习5】　创建如图 6.37 所示的按供应商汇总销售额的报表。

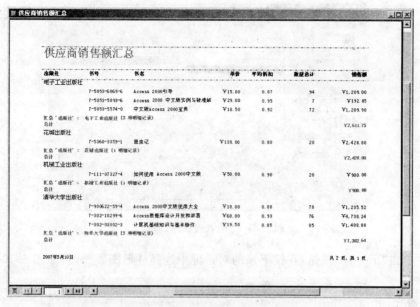

图 6.37 按供应商汇总销售额报表

6.3.3 创建图表报表

在创建报表时,有时需要用图表的形式表示数据。在 Access 中可以使用图表向导创建图表形式的报表。

【操作实例 6】 创建图表报表

目标:创建一个各书销售额的柱形图表报表。

(1) 在数据库"报表"对象中,单击"新建"按钮,打开"新建报表"对话框。

(2) 在右上方的列表框中选择"图表向导"选项。在"请选择该对象数据的来源表或查询"下拉列表框中选择创建报表所需的表,如图 6.38 所示。

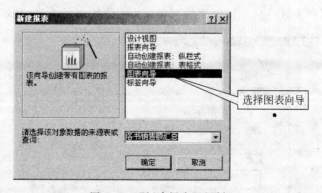

图 6.38 "新建报表"对话框

(3) 单击"确定"按钮,打开"图表向导"对话框。

(4) 在该对话框中选择创建图表所需的字段,如图 6.39 所示。

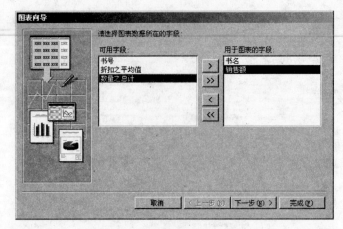

图 6.39　"图表向导"对话框 1

（5）单击"下一步"按钮，在接下来的对话框中选择柱形图表类型，如图 6.40 所示。

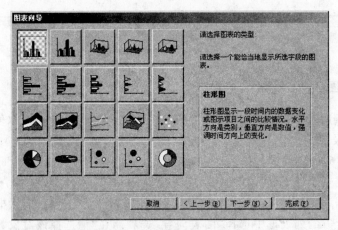

图 6.40　"图表向导"对话框 2

（6）单击"下一步"按钮，在接下来的对话框中指定图表的布局，如图 6.41 所示。

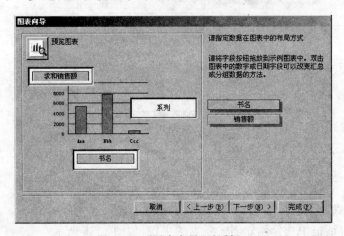

图 6.41　"图表向导"对话框 3

(7) 单击"下一步"按钮,在接下来的对话框中指定图表的标题、显示图例等,如图 6.42 所示。

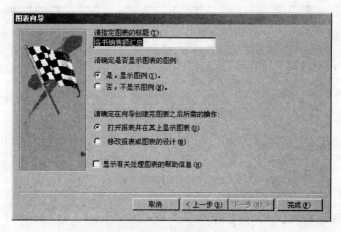

图 6.42 "图表向导"对话框 4

(8) 单击"完成"按钮,显示如图 6.43 所示的图表报表。

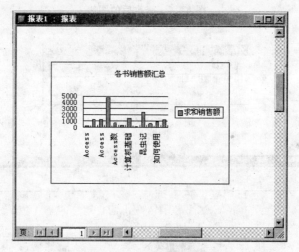

图 6.43 创建的图表

(9) 切换到设计视图,调整图表的大小。

(10) 单击"文件"→"页面设置"命令,在打开的"页面设置"对话框的"页"选项卡中,选择打印方向为"横向"后,单击"确定"按钮。

(11) 要设置图表中的某项,对准图表双击鼠标,进入编辑图表状态,这时可分别修改图表的某项内容,如将横、纵坐标的文字更改为 11 号等。

(12) 在报表的非图表区单击鼠标,结束对图表的编辑。

(13) 回到报表的打印预览视图,这时的图表报表如图 6.44 所示。

(14) 将创建的图表报表保存为"各书销售额柱形图图表报表",如图 6.45 所示。

【操作练习 6】 修改创建的柱形图图表报表为如图 6.46 所示的饼图图表样式。

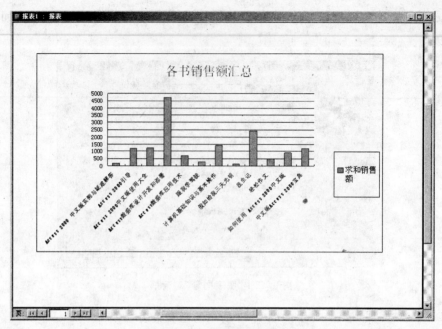

图 6.44　修改后的图表

图 6.45　保存图表

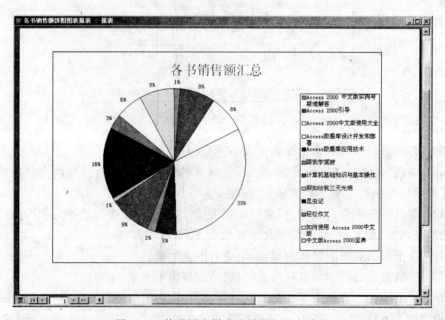

图 6.46　修改图表样式为饼图的图表效果

6.3.4 创建标签报表

通过创建标签报表,可以将数据表中的一些有关联系人的信息生成群发的信封或信件,提高办公效率。

【操作实例 7】 创建群组信封标签

目标:创建供应商的群组信封标签。

(1) 在数据库"报表"对象中,单击"新建"按钮,打开"新建报表"对话框。

(2) 在右上方的列表框中选择"标签向导"选项,并在"请选择该对象数据的来源表或查询"下拉列表框中选择数据表,如图 6.47 所示。

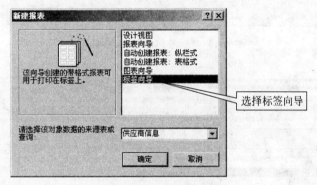

图 6.47 "新建报表"对话框

(3) 单击"确定"按钮,打开"标签向导"对话框。在其中选择标签的型号和尺寸等,如图 6.48 所示。

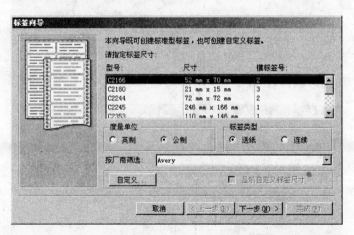

图 6.48 "标签向导"对话框

(4) 单击"下一步"按钮,在接下来的对话框中设置标签的字体、颜色等,如图 6.49 所示。

(5) 单击"下一步"按钮,在接下来的对话框中,在"可用字段"列表框中双击要在信封上显示的内容,如果需要换行,可按回车键。设置的邮件标签的内容,如图 6.50 所示。

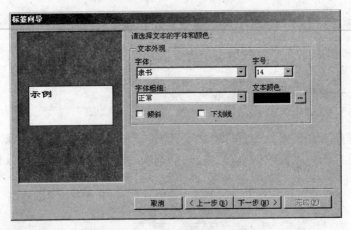

图 6.49 "标签向导"的文本设置

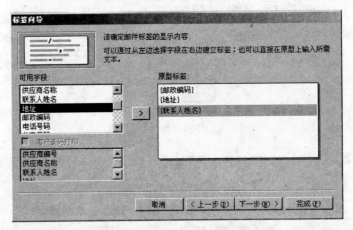

图 6.50 "标签向导"的显示内容设置

（6）单击"下一步"按钮，在接下来的对话框中，选择输出的排序字段，如图 6.51 所示。

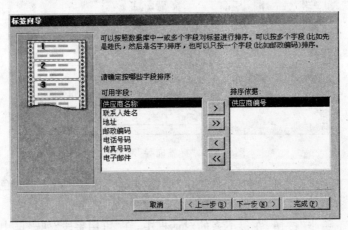

图 6.51 "标签向导"的排序设置

（7）单击"下一步"按钮，在接下来的对话框中，设置标签报表的名称，如图 6.52 所示。

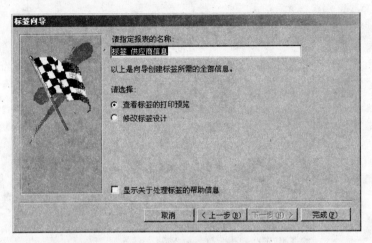

图 6.52　设置报表的名称

（8）单击"完成"按钮，生成的标签信封报表如图 6.53 所示。

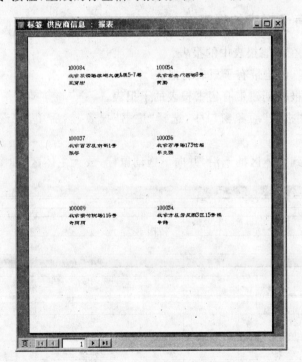

图 6.53　生成的标签报表

（9）保存创建的标签报表为"标签 供应商信息"。

【操作练习 7】　修改创建的标签报表为如图 6.54 所示的样式。

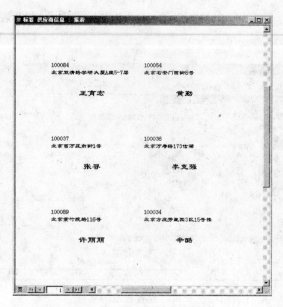

图 6.54　修改后的标签报表

6.3.5　创建带有子报表的报表

子报表是建立在其他报表中的报表。

【操作实例 8】　创建带有子报表的报表

目标：为进书报表创建带有售书报表的子报表。

（1）在数据库"报表"对象窗口中，选择"进书"报表，然后单击"设计"按钮，打开"进书"报表的设计视图。

（2）将鼠标移到主体区的下沿，并向下拖动鼠标，放大主体区，如图 6.55 所示。

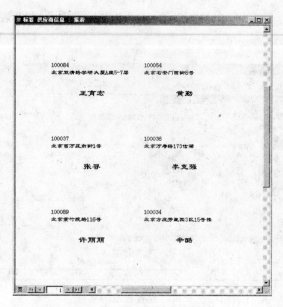

图 6.55　修改进书报表

（3）选中工具箱中的"控件向导"按钮，然后单击工具箱中的"子窗体/子报表"按钮，在主体区拖动鼠标,创建子报表。这时,会弹出"子报表向导"对话框。

（4）选择其中的第 1 个选项,如图 6.56 所示。

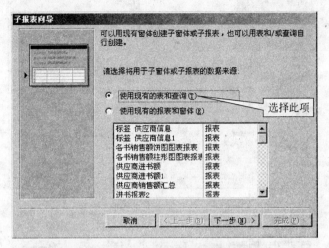

图 6.56 "子报表向导"对话框 1

（5）单击"下一步"按钮,在接下来的对话框中选择子报表的来源表和字段,如图 6.57 所示。

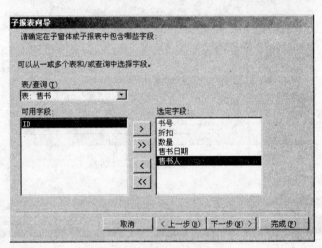

图 6.57 "子报表向导"对话框 2

（6）单击"下一步"按钮,在接下来的对话框中选择主报表和子报表的连接字段,如图 6.58 所示。

（7）单击"下一步"按钮,在接下来的对话框中设置子报表的名称,如图 6.59 所示。

（8）单击"完成"按钮,于是在进书报表中添加子报表。修改子报表后,如图 6.60 所示。

（9）切换到报表打印预览视图,效果如图 6.61 所示。

（10）保存修改的报表为"进书和售书"报表。

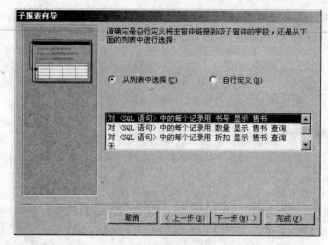

图 6.58 "子报表向导"对话框 3

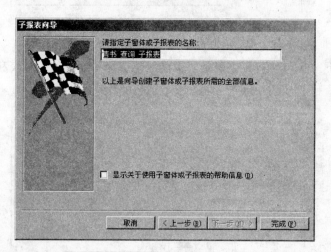

图 6.59 "子报表向导"对话框 4

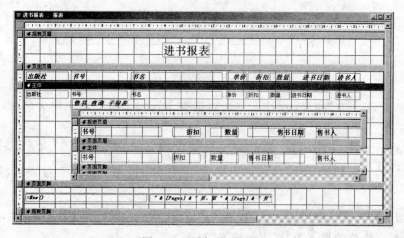

图 6.60 添加的子报表

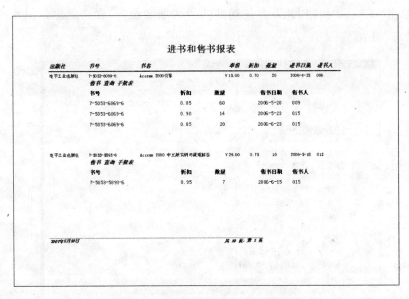

图 6.61 添加的子报表打印预览效果

【操作练习 8】 创建带有销售额子报表的进书额报表。

6.3.6 多列打印报表

通过对报表的页面设置,可以设置每页打印多列记录,横向打印报表等。

【操作实例 9】 多列打印报表

目标:在新建的"供应商信息"报表中,设置 2 列打印报表。

(1)在数据库"报表"对象中,双击"使用向导创建报表"选项,打开"报表向导"对话框。

(2)在该对话框中选择要创建报表的字段,如图 6.62 所示。

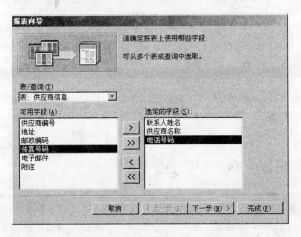

图 6.62 "报表向导"对话框

（3）单击"下一步"按钮，并一直使用默认的选项和设置，直到创建如图 6.63 所示的
"供应商信息"报表。

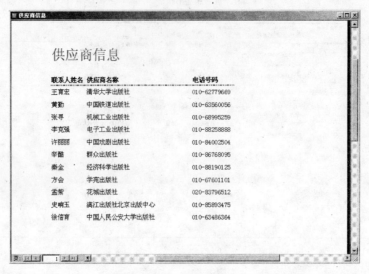

图 6.63　创建的报表

（4）切换到设计视图状态，单击"文件"→"页面设置"命令，打开"页面设置"对话框。

（5）选中"页"选项卡，并选择打印方向为"横向"。

（6）选中"列"选项卡，如图 6.64 所示设置其中的参数。

图 6.64　"页面设置"对话框

（7）单击"确定"按钮，如图 6.65 所示修改报表。

（8）切换到打印预览视图，如图 6.66 所示。

完成页面设置后，如果要设置打印的范围或份数，可单击"文件"→"打印"命令，在"打印"对话框中进行相应的设置后，单击"打印"按钮。如果要打印全部对象，直接单击工具栏上的"打印"工具按钮即可。

【操作练习 9】　设置 2 列打印库存报表。

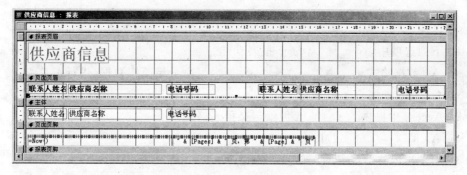

图 6.65　修改的报表

图 6.66　预览多列打印报表

6.4　练习题

6.4.1　填空题

1. Access 提供_____、_____和_____ 3 种报表视图方式。

2. 报表主要分为_____、_____、_____和_____ 4 种类型。

3. 在报表设计视图中_____和_____是成对出现的。

4. 通常_____用来显示报表的标题等。

5. 通过在报表中添加_____控件，可以对整个报表进行汇总等计算。

6. 通过选择"视图"菜单中的_____命令，可以对组页眉和页脚进行设置。

7. 要制作多个客户的信封上收件人的通信信息，可以创建_____报表。

8. 计算控件的控件来源必须是_____开头的计算表达式。

9. 主报表可以包含多个_____和_____。

10. 一个报表最多可以对_____个字段或表达式进行分组。

6.4.2 选择题

1. 下列选项中，_____不属于报表功能。
   A. 数据格式化　　　　　　　　　　B. 分组组织数据，进行汇总
   C. 建立查询　　　　　　　　　　　D. 可以包含子报表即图表数据

2. Access 中提供了_____种预定义报表格式。
   A. 3　　　　　　B. 4　　　　　　C. 5　　　　　　D. 6

3. 用来显示整份报表的汇总说明的是_____区。
   A. 报表页脚　　B. 页面页脚　　C. 组页脚　　　D. 主体

4. 在报表设计区，_____区通常用来显示数据的列标题。
   A. 报表页眉　　B. 页面页眉　　C. 组页眉　　　D. 主体

5. 在报表设计区，_____区用来处理每一条记录。
   A. 报表页眉　　B. 页面页眉　　C. 组页眉　　　D. 主体

6. 在"新建报表"对话框，其中包含了_____种创建报表的形式。
   A. 4　　　　　　B. 5　　　　　　C. 6　　　　　　D. 7

7. 在_____报表中，通常一行显示一条记录，一页显示多行记录。
   A. 纵栏式　　　B. 表格式　　　C. 图表　　　　D. 标签

8. _____功能是一种快速创建报表的方法。
   A. 自动报表　　B. 向导　　　　C. 报表设计窗口　　D. 自动窗体

9. 若对使用向导生成的报表不满足，可以在_____视图进行修改。
   A. 窗体设计　　B. 版面预览　　C. 打印预览　　D. 报表设计

10. 若要显示当前页/总页数格式的页码，可使用的公式为_____。
    A. =[page]　　　　　　　　　　　B. ="第"&[page]& "页"
    C. [page] &"/"& [pages]　　　　　D. =Format([page]，"000")

6.4.3 操作题

1. 自动创建一个学生报表。

2. 生成一个教师统计报表，包括姓名、性别、工作时间、政治面目、学历、系别、联系电话字段，并统计各系的职工人数。

3. 创建一个在报表页脚包括当前日期、页码和统计学生平均成绩的学生报表。

4. 创建一个带有课程表子报表的教师表报表。

5. 创建一个包括教师姓名和系别的标签报表。

第7章

数据访问页

数据访问页是一种特殊的、可直接连接数据库中数据的一种 Web 页。通过数据访问页可以将数据直接发布到 Internet 上，并可使用浏览器进行数据的维护和操作。

7.1 Access 数据访问页

数据访问页作为 Access 数据库对象，仅在数据库中保存了数据访问页的快捷方式，而数据访问页本身则作为一个独立的 HTML 文件保存起来。因此数据访问页自身与数据来源是分离的，它往往与其数据来源位于不同的访问位置，而窗体和报表的数据来源是共存在数据库中的。

7.1.1 数据访问页

在 Access 数据库中，数据访问页对象如图 7.1 所示。如图 7.2 所示为数据访问页。创建数据访问页时，系统会要求确定数据访问页的保存位置以及文件名，且文件是以 html 作为扩展名的独立文件。

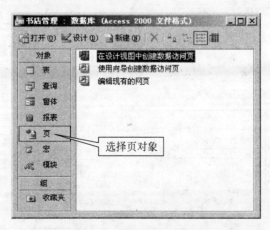

图 7.1 数据访问页对象

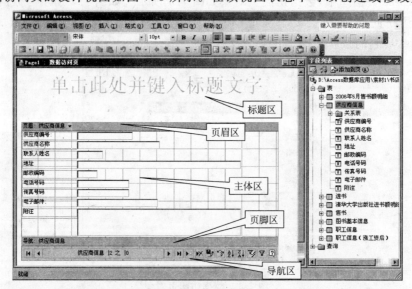

图 7.2　数据访问页

根据数据库访问页的用途,可以将数据访问页分为 3 类:交互式报表页、数据输入页和数据分析页。交互式报表页经常用于合并和分组保存在数据库中的信息,然后发布数据的总结,并且在这种页上不能编辑数据。数据输入页用于查看、添加和编辑记录。数据分析页会重新组织数据,并以不同的方式分析数据。

7.1.2　数据访问页视图

数据访问页视图包括设计视图、页面视图和网页预览视图。

1. 设计视图

数据访问页的设计视图如图 7.3 所示。在该视图状态下可以创建或修改数据访问

图 7.3　数据访问页设计窗口

页。数据访问页设计视图中包括：

- 主体区。主体区是数据访问页的基本设计版面。在支持数据输入的页上，可以用它来显示信息性文本、与数据绑定的控件以及节。
- 组页眉和页脚。用于显示组数据和计算结果值。
- 记录导航。用于显示分组级别的记录导航控件。组的记录导航节出现在组页眉节之后。在记录导航节中不能放置绑定控件。
- 标题。用于显示文本框和其他控件的标题。标题紧挨组页眉的前面出现。在标题节中不能放置绑定控件。

数据访问页中的每个分组级别都有一个记录源。记录源的名称显示在用于分组级别的每一节的节栏上。

2. 页面视图

数据访问页的页面视图如图 7.2 所示。在该视图状态下可以查看数据访问页。

使用数据访问页与使用窗体类似：可以查看、输入、编辑和删除数据库中的数据。不过，还可以使用 Microsoft Access 数据库之外的页，因此用户可以通过 Internet 或 Intranet 更新或查看数据。

在数据访问页中可以通过文本框、下拉列表框和复选框输入信息。

使用记录导航工具栏可以对记录进行浏览、添加、删除、保存、排序和筛选等操作，并可获得帮助信息。

3. 网页预览视图

数据访问页的网页预览视图如图 7.4 所示。在该视图状态下可以查看数据访问页在 IE 窗口中的显示效果。

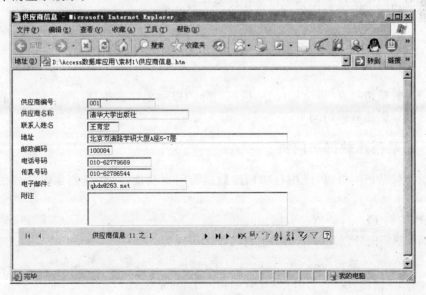

图 7.4　数据访问页 Web 预览视图

7.1.3 不同类型的数据访问页

数据访问页可在 Microsoft Access 的设计视图中设计。页是存储在 Access 之外的一个独立的文件。但在创建该文件时，Access 会在"数据库"窗口中自动为该文件添加一个快捷方式。设计数据访问页与设计窗体和报表类似，也要使用字段列表、工具箱、控件等。但是，在设计方式和与数据访问页的交互方式上，数据访问页与窗体和报表具有某些显著的差异。页的设计方式取决于页的使用方式。

1. 交互式报表

这种类型的数据访问页经常用于对数据库中存储的信息进行合并和分组，然后发布数据的总计结果。使用展开指示器，可以获取一般的信息汇总，也可以得到特定细节。数据访问页不仅可以提供用于对数据进行排序和筛选的工具栏按钮，还可提供用于在某些或全部分组级别中添加、编辑和删除数据的工具栏按钮。

2. 数据分析

这种数据访问页可以包含数据透视表报表，类似于 Microsoft Excel 数据透视表报表，以便重新组织数据，按不同方法进行分析。页中可能包含可用来分析趋势、检测图案、比较数据库数据的图表。另外，它还可以包含电子表格，像在 Excel 中那样输入和编辑数据，用公式进行计算。

数据访问页直接与数据库连接。当用户在 Internet Explorer 中显示数据访问页时，他们看到的是属于自己页的副本。这意味着，任何筛选、排序和对数据显示方式进行的其他改动，包括在数据透视表报表或电子表格中进行的改动，都只影响他们自己的数据访问页副本。但对数据本身的改动，如修改值、添加或删除数据，都存储在基础数据库中，因此查看该数据访问页的所有用户都可使用这些更改。

7.2 创建数据访问页

要创建数据访问页，可使用向导，根据向导的提示创建数据访问页，也可以在设计视图中自行设计创建数据访问页。

7.2.1 自动创建数据访问页

在新建数据访问页时，使用自动创建数据访问页功能，可快速创建纵栏式的数据访问页。

【操作实例1】 自动创建数据访问页

目标：使用向导创建一个职工信息的数据访问页。

(1) 在 Access 数据库"图书管理"窗口中，选择"页"对象，如图 7.5 所示。

(2) 单击"新建"按钮，打开"新建数据访问页"对话框。

(3) 在对话框中选择"自动创建数据页：纵栏式"选项，并选择来源表，如图 7.6 所示。

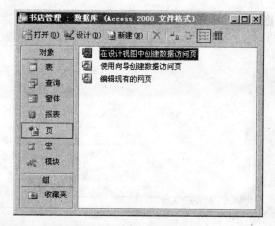

图 7.5　数据库的页对象

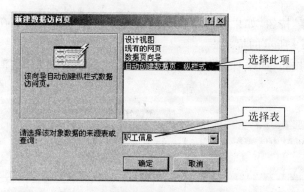

图 7.6　"新建数据访问页"对话框

（4）单击"确定"按钮，自动生成数据访问页，如图 7.7 所示。

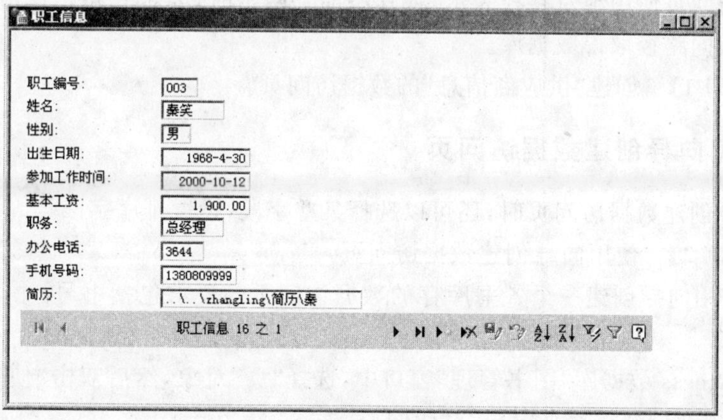

图 7.7　自动创建的数据访问页

（5）保存创建的数据访问页，打开"另存为数据访问页"对话框。

（6）在对话框中设置数据访问页保存的位置和文件名，如图 7.8 所示。

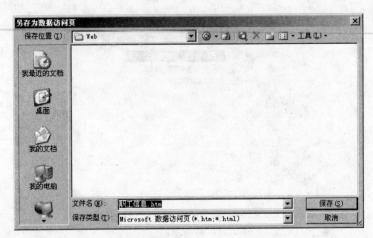

图 7.8 "另存为数据访问页"对话框

（7）单击"保存"按钮，如果保存数据访问页的文件夹与数据库不在同一个文件夹中，这时会弹出如图 7.9 所示的提示框。

（8）单击"是"按钮，如果保存数据访问页使用的是绝对路径，这时会弹出如图 7.10 所示的提示框。

图 7.9 提示框

图 7.10 另存为数据访问页提示框

（9）单击"确定"按钮，会在指定的位置创建一个 Web 数据访问页。

该数据访问页使用绝对路径表示，将其添加到网站时，要将其路径修改为相对路径，即在网页的相同路径取得数据库。

【操作练习 1】 创建"供应商信息"的数据访问页。

7.2.2 使用向导创建数据访问页

使用向导创建数据访问页时，还可以选择某些字段，设置排序字段等。

【操作实例 2】 使用向导创建数据访问页

目标：使用向导创建一个各书库存的数据访问页。要求包括书号、书名、作者、出版社、库存字段。

（1）在 Access 数据库"图书管理"窗口中，选择"页"对象，然后双击"使用向导创建数据访问页"选项，打开"数据页向导"对话框。

（2）在该对话框中选择表和字段，如图 7.11 所示。

（3）单击"下一步"按钮，在接下来的对话框中不选择分组，如图 7.12 所示。

（4）单击"下一步"按钮，在接下来的对话框中选择按出版社排序，如图 7.13 所示。

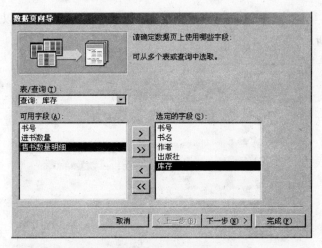

图 7.11 "数据页向导"对话框 1

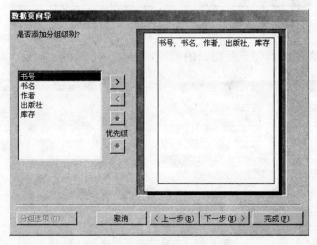

图 7.12 "数据页向导"对话框 2

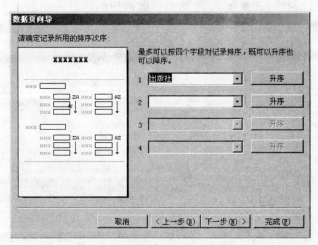

图 7.13 "数据页向导"对话框 3

（5）单击"下一步"按钮，在接下来的对话框中设置数据页的标题以及数据页的视图方式，如图 7.14 所示。

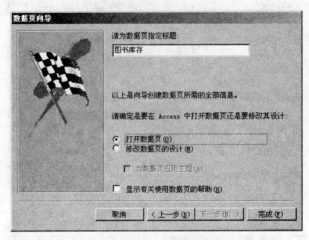

图 7.14 "数据页向导"对话框 4

（6）单击"完成"按钮，完成数据页的创建，如图 7.15 所示。

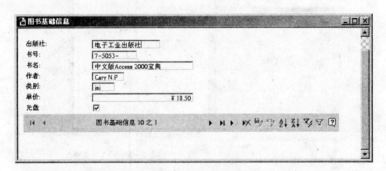

图 7.15 创建的数据访问页

（7）切换到设计视图，并如图 7.16 所示修改其中的内容。

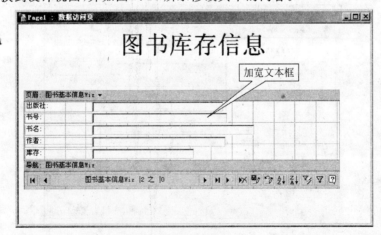

图 7.16 修改数据访问页

(8) 完成后的设计访问页如图 7.17 所示。

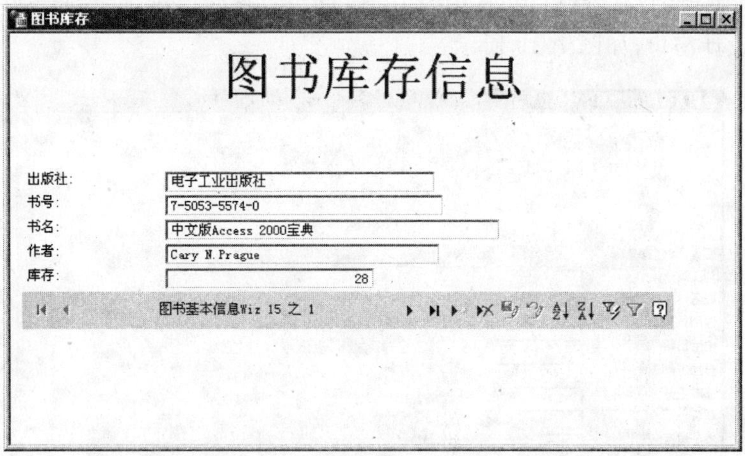

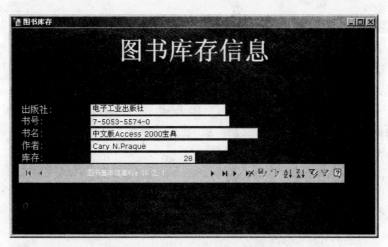

图 7.17　修改后的数据访问页

【操作练习 2】　创建如图 7.18 所示的带有主题背景的数据访问页。

图 7.18　带有主题背景的数据访问页

7.3　数据访问页的设计

在数据访问页的设计视图窗口中,不仅可以修改通过向导创建的数据访问页,还可以自己手工创建数据访问页。

7.3.1　修改数据访问页

在数据访问页设计视图窗口可以对创建的数据访问页进行修改,使其满足用户的需要。

【操作实例 3】　修改数据访问页

目标:修改前面创建的"职工信息"数据访问页,使其数据用 11 号字显示,并应用主题背景。

(1) 在数据库的"页"对象中,选中"职工信息"选项,然后单击"设计"按钮,打开该数据访问页的设计窗口,如图 7.19 所示。

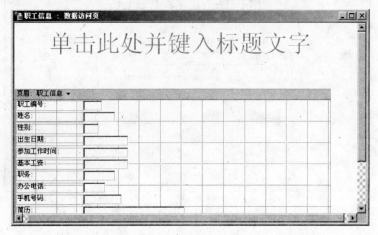

图 7.19 数据访问页设计窗口

(2) 单击"单击此处并键入标题文字"区,当出现插入点光标后,输入"职工信息"。

(3) 选中输入的文字,并使用格式工具栏中的工具,将其设置为华文隶书、蓝色、24 号字。

(4) 选中数据访问页的主体区,然后将鼠标对准右下角的选中标记方块并向下拖拉,放大主体区。

(5) 选中其中的文本框和标签控件后,单击"格式"→"垂直间距"→"增加"命令,增加各控件之间的间距,然后再拉宽控件的高度,将字号设置为 10 号。

(6) 选中标签控件,将文字设置为蓝色字。

(7) 单击"格式"→"主题"命令,打开"主题"对话框。

(8) 选中一个主题,如图 7.20 所示。

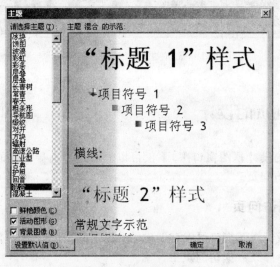

图 7.20 选择主题背景

（9）单击"确定"按钮，将数据访问页添加主题背景。

（10）切换到页面视图，这时的数据访问页如图 7.21 所示。

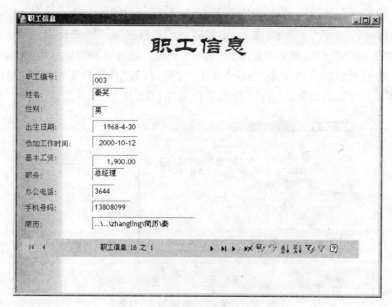

图 7.21　修改后的数据访问页

【操作练习 3】　为前面的"职工信息"数据访问页插入如图 7.22 所示的背景图片。

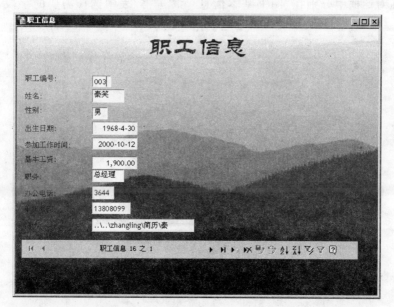

图 7.22　插入图片背景的数据访问页

7.3.2　手工创建数据访问页

在数据访问页的设计视图状态，可以灵活设计用户所需的各种页面，包括在主数据访问页中带有子数据访问页,使用公式,创建组等。

【操作实例4】 手工创建数据访问页

目标:创建一个数据访问页,要求该数据访问页为包括"图书基本信息"表中的"书号"、"书名"、"出版社"、"单价"字段和"进书"中的"数量"、"折扣"和"进书日期"字段,并以出版社分组,并在数据访问页中添加一个计算进书额的字段。最后添加到库存访问页的超链接。

(1)在数据库的"页"对象中,单击"新建"按钮,打开"新建数据访问页"对话框。

(2)在右上方的列表框中选择"数据页向导"选项,如图7.23所示。

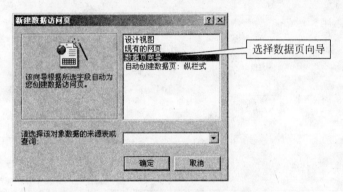

图7.23 "新建数据访问页"对话框

(3)单击"确定"按钮,打开"数据页向导"对话框。

(4)在对话框中分别在"图书基本信息"和"进书"表中选择需要的字段,如图7.24所示。

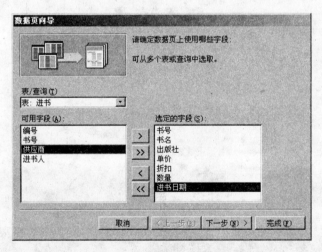

图7.24 "数据页向导"对话框1

(5)单击"下一步"按钮,在接下来的对话框中选择"出版社"作为分组级别,如图7.25所示。

(6)单击"下一步"按钮,在接下来的对话框中选择排序字段,使用默认设置。

(7)单击"下一步"按钮,在接下来的对话框中选择数据页的标题,如图7.26所示。

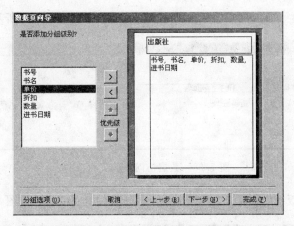

图 7.25 "数据页向导"对话框 2

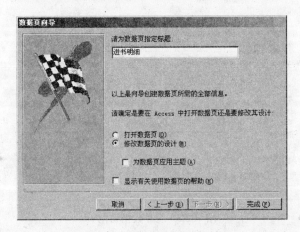

图 7.26 "数据页向导"对话框 3

（8）单击"完成"按钮，打开数据访问页的设计视图，如图 7.27 所示。

图 7.27 创建的数据访问页

(9) 单击工具栏中的"视图"按钮,切换到页面视图,如图 7.28 所示。

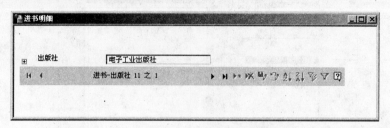

图 7.28　数据访问页的页面视图

(10) 单击"出版社"前面的"＋"标记,可展开其中组的数据,如图 7.29 所示。

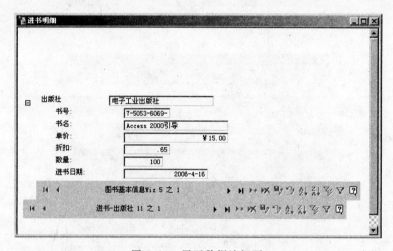

图 7.29　展开数据访问页

(11) 回到设计视图,修改其中控件的格式,使数据能够全部显示出来。

(12) 输入标题文字"进书明细"。

(13) 在页面视图状态下,单击上面的记录导航条中的工具按钮,可翻阅组中的记录;单击下面的记录导航条中的工具按钮,可翻阅组。

(14) 切换到设计视图。打开工具箱,并将文本框控件拖动到数据访问页的主体区,如图 7.30 所示。

(15) 将文本框控件的标签名称改为"进书额",并设置文字加粗、蓝色字。

(16) 选中文本框控件后,单击工具栏中的"属性"按钮,打开属性对话框。

(17) 在该对话框中设置"数据"的 ControlSource 属性为"进书额:［单价］＊［数量］＊［折扣］";Format 属性为"Currency",如图 7.31 所示。

(18) 关闭属性对话框后,切换到页面视图,这时的数据访问页如图 7.32 所示。

(19) 保存创建的数据访问页为"进书明细"。

(20) 回到设计视图,在工具箱中选择"超链接"控件,然后在访问页窗口中添加超链接控件,打开"插入超链接"对话框。

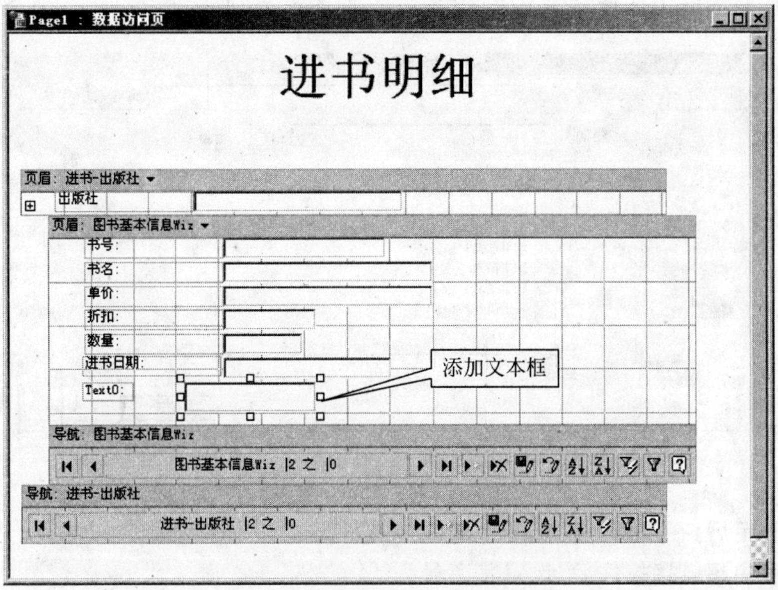

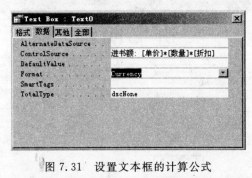

图 7.30　添加一个文本框控件

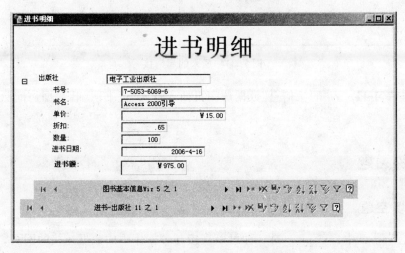

图 7.31　设置文本框的计算公式

图 7.32　添加进书额的计算结果

(21) 在对话框中选择显示文字为"库存",如图 7.33 所示。

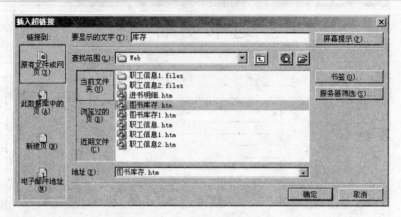

图 7.33 插入超链接对话框

(22) 确定后,在主体区插入一个超链接控件。

(23) 选中超链接控件后,设置其字号为 14。

(24) 切换到页面视图,并展开组后,可以看到插入的超链接,如图 7.34 所示。

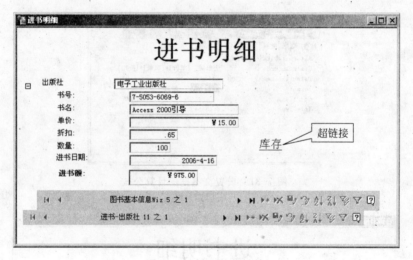

图 7.34 插入的超链接

【操作练习 4】 为"职工信息"数据访问页插入进入"进书明细"数据访问页的图片超链接。

7.4 练习题

7.4.1 填空题

1. 在 Access 中,_____是一种可以直接与数据库中的数据连接的网页。

2. _____类型的数据访问页经常用于合并和分组保存在数据库种的信息,然后发布数据的总结,并且在这种页上不能编辑数据。

3. _____类型的数据访问页用于查看、添加和编辑记录。

4. 在 Access 中,_____视图是查看所生成的数据访问页样式的一种视图方式。

5. 工具箱中的_____控件可以在数据访问页中插入一个包含超级链接地址的文本字段。

6. 在 Access 中,使用_____可以使数据访问页具有一定的图案和颜色等样式效果。

7. 在 Access 中,可以使用_____向数据访问页添加控件。

7.4.2 选择题

1. 数据访问页的视图方式有_____种。
   A. 1   B. 2   C. 3   D. 4

2. _____是创建与设计数据访问页的一个可视化的集成界面。
   A. 页视图   B. 设计视图   C. 数据表视图   D. 以上都不对

3. 在数据访问页中主要用来显示描述性文本信息的是_____。
   A. 复选框   B. 标签   C. 文本框   D. 单选框

4. 下列_____控件可以显示数据库中某个字段的数据,或显示一个表达式的结果。
   A. 文本框   B. 复选框   C.标签   D. 列表框

7.4.3 操作题

1. 自动创建课程表数据访问页。

2. 生成一个教师统计数据访问页,包括姓名、性别、工作时间、政治面目、学历、系别、联系电话字段,并统计各系的职工人数。

3. 生成一个对系别进行分组的教师访问页。

第8章

宏

宏是 Access 的对象,由一个或多个操作组成。通过宏可以加强对数据库的管理,使操作更加方便。

8.1 认识宏

宏就是 Access 提供给程序开发者开发窗体或报表的应用程序。宏对应一系列的操作,可以自动完成各种简单的重复性工作,例如打开窗体、显示窗体、删除记录等。通过使用宏组,可以同时执行多个任务。

8.1.1 宏对象

在 Access 数据库窗口中的宏对象如图 8.1 所示,由图 8.1 中可以看到,只能通过新建的方法创建宏。

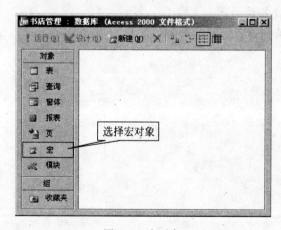

图 8.1 宏对象

单击"新建"按钮,可以打开如图 8.2 所示的宏设计窗口。

创建宏时,可在宏窗口中的"操作"栏中选择要执行的宏。在窗口的"解释"栏输入说明信息。在操作参数区为操作所指定的参数。

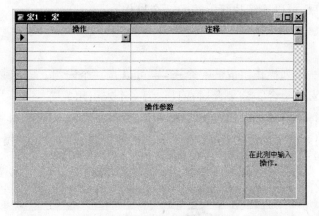

图 8.2　宏设计窗口

例如,如图 8.3 所示为设计的一个宏,该宏包括打开"图书基本信息"报表、发出蜂鸣声、最大化窗口 3 个操作。将该宏保存后,在数据库的宏对象窗口中,可以看到该宏,如图 8.4 所示。

图 8.3　设计的宏

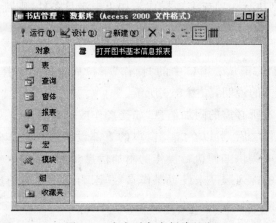

图 8.4　在宏对象中创建的宏

运行这个宏后,可以连续执行上述的 3 个操作。

8.1.2　宏组

宏可以是由一系列操作组成的一个宏,也可以是一个宏组。宏组是指共同存储在一个宏名下的相关宏的集合。该集合通常只作为一个宏引用。

在宏组中的每个宏都可以通过宏名来确定,要添加宏名,可在工具栏中单击"宏名"按钮 。例如,如图 8.5 所示的宏组,是由 3 个相关的宏组成的,包括"操作记录"、"操作窗体"和"操作报表"。

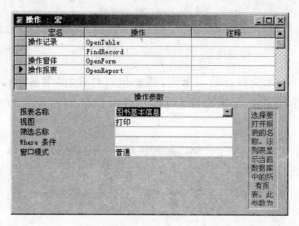

图 8.5　宏组

"宏名"列中的名称可标识每个宏。当运行宏组中的某个宏时,Microsoft Access 会执行操作列中对应的操作和紧随其后"宏名"列为空的操作,直到下一个宏结束。

通过在宏组名后面输入一个句点,然后再输入宏名,可以执行事件或事件过程宏组中的宏。例如,若要引用"操作"宏组中的"操作记录"宏,可以输入"操作.操作记录"。

另外,使用条件表达式可以确定在某些情况下运行宏时,是否执行某个操作。所谓条件表达式是指进行计算,并与值进行比较的表达式,例如 If…Then 和 Select Case 语句。如果条件得到满足,则执行一项或多项操作。如果未满足条件,则跳过操作。

8.1.3　宏操作

Access 中的宏操作,可从宏窗口中的"操作"下拉列表框中选择,这些命令所对应的操作可参考窗口右下方的说明,如图 8.6 所示。

操作参数是某些宏所必需的附加信息,如受操作或特殊的操作执行条件影响的对象。在宏中添加了某个操作之后,可以在"宏"窗口的下部设置这个操作的参数。这些参数可以向 Microsoft Access 提供如何执行操作的附加信息。

通常按操作参数的排列顺序来设置操作参数,因为某一参数的选择将决定其后面参数的选择。

如果通过从数据库窗口拖拽数据库对象的方式来向宏中添加操作,Microsoft Access

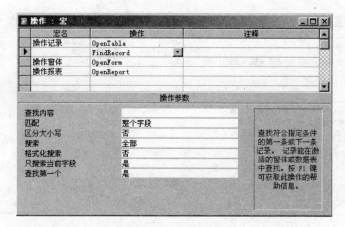

图 8.6　宏操作说明

会自动为这个操作设置适当的参数。

如果操作中带有调用数据库对象名称的参数,则可以将对象从数据库窗口中拖拽到参数框,从而自动设置参数及其对应的对象类型参数。

可以用前面加有等号"="的表达式来设置许多操作参数。其中的表达式包括:算术或逻辑运算符、常数、函数和字段名称、控件和属性的任意组合,计算结果为单个值。表达式可执行计算、操作字符或测试数据。

8.1.4　条件操作

在某些情况下,可能希望仅当特定条件成立时,才执行宏中的一个或一系列操作。例如,如果要使用宏来验证某个窗体中的数据,为空时,显示 0;否则显示原来的数据。在这种情况下,可以使用条件来控制宏的流程。

要添加条件,可在工具栏中单击"条件"按钮 。

条件是一个计算结果为 True/False 或"是/否"的逻辑表达式。宏将根据条件结果的真或假而沿着不同的路径执行。

运行宏时,Microsoft Access 将求出第一个条件表达式的结果。如果这个条件的结果为真,Microsoft Access 就会执行此行所设置的操作,以及紧接着此操作、且在"条件"列内前加省略号(...)的所有操作。

然后,Microsoft Access 将执行宏中所有其他"条件"列为空的操作,直到到达另一个表达式、宏名或宏的结尾为止。

如果条件的结果为假,Microsoft Access 则会忽略相应的操作以及紧接着此操作且在"条件"字段内前加省略号(...)的操作,并且移到下一个包含其他条件或"条件"列为空的操作行。

例如,如图 8.7 所示的宏,只有在"条件"列中的表达式"[Forms]!﹝职工基本信息﹞![基本工资]>1400"为真时,才运行 MsgBox 操作,即打开消息框。

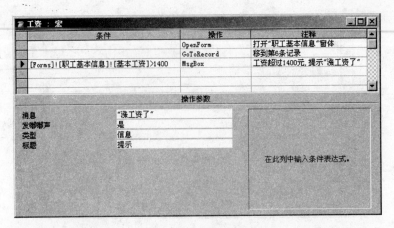

图 8.7　条件设置

8.2　创建宏

为了创建宏,必须在宏设计窗口中选择宏对应的操作。

8.2.1　创建简单的宏

要创建宏,首先打开宏设计窗口,然后在其中添加宏名、操作、操作参数以及解释说明信息,必要时可添加条件。

【操作实例1】　创建简单的宏

目标:创建一个打开"职工基本信息"窗体的宏。

(1) 在 Access 数据库的"宏"对象中,单击"新建"按钮,打开宏设计窗口。

(2) 在宏窗口中,单击"操作"列中的第一个单元格。然后单击弹出的下拉按钮以显示操作列表。从列表框中选择要使用的操作"OpenForm",如图8.8所示。

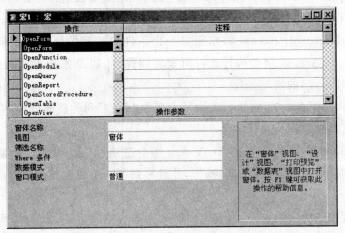

图 8.8　选择操作

（3）在窗口的下半部指定操作参数。如在"窗体名称"下拉列表框中选择"职工基本信息"窗体。其他参数使用默认值，如图8.9所示。

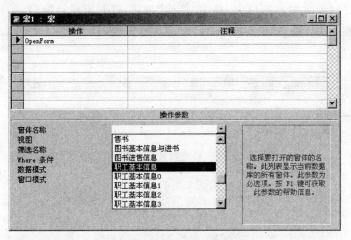

图8.9 设置参数

（4）在"注释"列为操作输入相应的备注。完成的宏设计如图8.10所示。

（5）保存设计好的宏，名称为"打开'职工基本信息'窗体"。

（6）单击工具栏中的"运行"按钮！，运行设计的宏，这时会打开如图8.11所示的窗体。

图8.10 设计好的宏

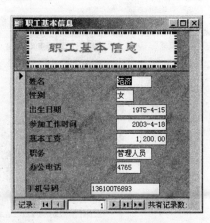

图8.11 运行宏的结果

【操作练习1】 创建打开"库存"窗体，并直接跳到第3条记录的宏。

8.2.2 创建宏组

要创建宏组，必须先在宏窗口中添加"宏名"列。

【操作实例2】 创建宏组

目标：创建一个分别打开"图书基本信息"、"进书"、"售书"和"库存"窗体的宏组。并且打开每个窗体之前显示"打开窗体"的提示框。

（1）如果数据库中还没有创建"图书基本信息"、"进书"、"售书"或"库存"窗体，先创建这些窗体。

（2）在"宏"对象数据库窗口中，单击"新建"按钮，打开宏设计窗口。

（3）在宏窗口中，单击工具栏中的"宏名"按钮 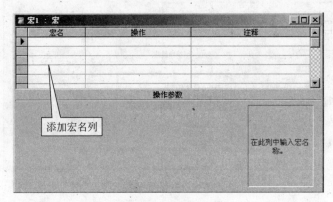，在宏窗口中添加"宏名"列，如图 8.12 所示。

图 8.12　添加宏名列

（4）在第一个宏名单元格中输入宏名"打开'图书基本信息'窗体"。

（5）单击"操作"列中的第 1 个单元格，并单击下拉按钮，在弹出的下拉列表框中单击要使用的操作 Msgbox。并设置其中的参数，如图 8.13 所示。

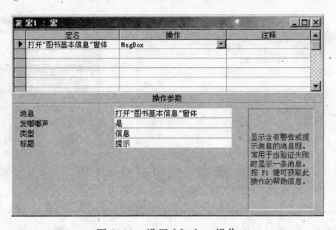

图 8.13　设置 Msgbox 操作

（6）单击"操作"列中的第 2 个单元格，并单击下拉按钮，在弹出的下拉列表框中单击要使用的操作 OpenForm。

（7）在窗口的下半部指定操作参数。如在"窗体名称"下拉列表框中选择"图书基本信息"窗体。其他参数使用默认值。

（8）在"注释"列为操作输入相应的备注。完成的宏设计如图 8.14 所示。

（9）用同样的方法添加其他宏。

（10）保存创建的宏组，名称为"打开窗体"，如图 8.15 所示。

图 8.14 添加第 1 个宏

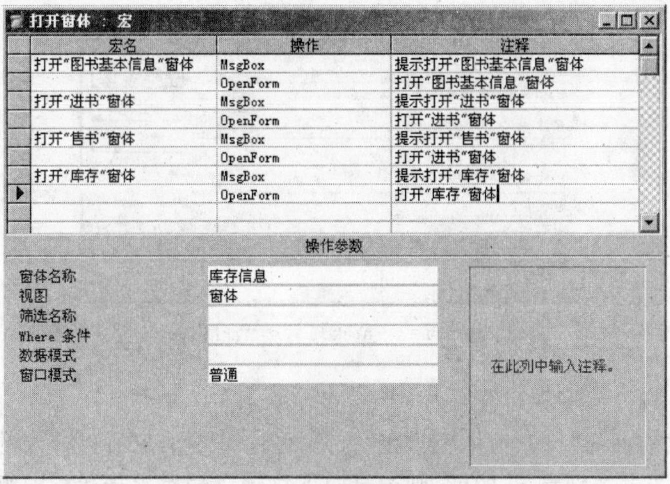

图 8.15 添加的宏组

注意：当运行某个宏组时，只会运行到宏组中的第 1 个宏为止。

【操作练习 2】 创建一个可以分别打开供应商和职工信息报表的宏组。

8.2.3 编辑与运行宏

对于创建的宏，可以根据需要修改。

- 要插入一个操作，可选中目标行后，单击工具栏中的"插入行"按钮 ，在当前行插入一行。
- 要删除一个操作，选中目标后，按删除键，或单击工具栏中的"删除行"按钮 。
- 要创建宏的操作条件，单击工具栏中的"条件"按钮 ，在宏窗口中添加"条件"列，如图 8.16 所示，然后在其中的单元格中输入条件。
- 要运行宏，可单击工具栏中的"运行"按钮 。
- 如果一个宏中有多个操作，要单步运行每个操作，可单击工具栏中的"单步"按钮

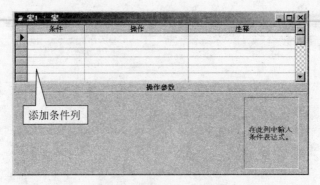

图 8.16　添加的条件列

，然后单击"运行"按钮,则会弹出如图 8.17 所示的"单步执行宏"对话框。单击其中的"单步执行"按钮,可逐步运行宏中的每个操作。

图 8.17　"单步执行宏"对话框

【操作实例 3】　编辑和运行宏

目标:修改前面的"打开窗体"宏,在"打开'图书基本信息'窗体"宏的最后一步,添加一个操作,如果图书类别是 qt 的话,则记录向下移动。最后单步运行宏组中的第 1 个宏。

(1)继续前一个操作实例,选中第 3 行,如图 8.18 所示。

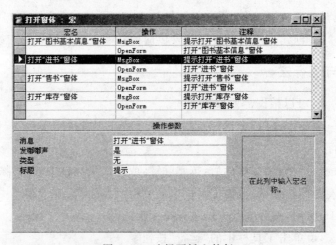

图 8.18　选择要插入的行

（2）单击工具栏中的"插入行"按钮，插入新行。

（3）单击工具栏中的"条件"按钮，插入添加列。

（4）在第 3 行的条件列中输入"［Forms］！［图书基本信息］！［类别］="qt""，并在操作列选择 GoToRecord，并在下面的参数中选择"向后移动"，如图 8.19 所示。

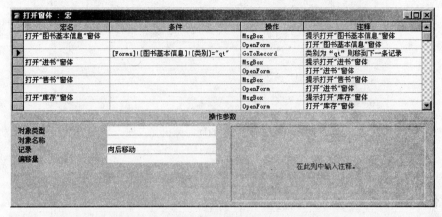

图 8.19　添加的操作

（5）保存所做的修改。

（6）单击"运行"→"单步"命令，然后单击工具栏中的"运行"按钮，这时，会打开如图 8.20 所示的"单步执行宏"对话框。

（7）单击"单步执行"按钮，则弹出如图 8.21 所示的提示框。

图 8.20　单步执行宏对话框

图 8.21　提示框

（8）单击"确定"按钮，继续打开"单步执行宏"对话框。

（9）单击"单步执行"按钮，在打开"图书基本信息"窗体的同时打开如图 8.22 所示的提示框。

（10）单击"单步执行"按钮，在窗体上显示如图 8.23 所示的记录。

【操作练习3】　修改上面的实例，对于打开"进书"窗体的宏，在其最后添加一个关闭窗体的操作，单步运行宏，观看效果。

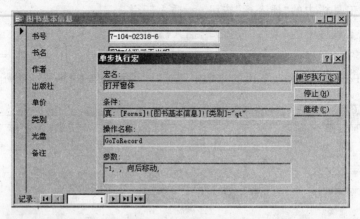

图 8.22　打开窗体的同时弹出提示框

图 8.23　进入类别为 qt 记录的下一条记录

8.3　菜单的设计

通过宏可以创建用来管理数据库的菜单。菜单由主菜单和菜单选项组成。例如,可以创建如图 8.24 所示的菜单。要创建菜单,首先要创建菜单选项对应的操作,然后将菜单选项添加到菜单中。将菜单创建完成后,还要将其挂到窗体上,并将该窗体设置为启动窗体。

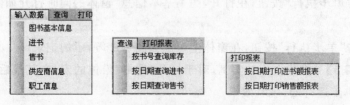

图 8.24　主菜单和菜单选项

8.3.1 创建菜单选项

在创建主菜单之前,先创建菜单选项对应的操作。将每条菜单作为一个宏组,其中的宏对应每个菜单选项。

【操作实例 4】 创建菜单选项

目标:创建如图 8.24 所示的"输入数据"菜单选项的宏组。

(1) 首先创建"图书基本信息"、"进书"、"售书"、"供应商信息"、"职工信息"窗体,如图 8.25~图 8.29 所示。

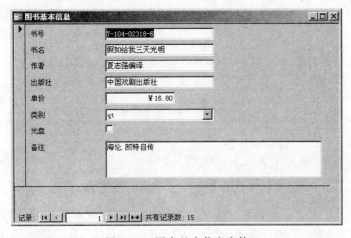

图 8.25　图书基本信息窗体

图 8.26　进书窗体

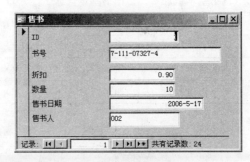

图 8.27　售书窗体

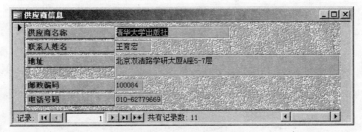

图 8.28　供应商信息窗体

图 8.29 职工信息窗体

（2）打开新建"宏"设计窗口。

（3）在宏窗口中，单击工具栏中的"宏名"按钮 <img>，在宏窗口中添加"宏名"列。

（4）根据表 8.1，在宏窗口中设置如图 8.30 所示的内容。其他使用默认值。

表 8.1 创建"输入数据"菜单选项表

菜 单 选 项	宏 名	操 作	窗 体 名 称	数 据 模 式
图书基本信息	图书基本信息	OpenForm	图书基本信息	增加
进书	进书	OpenForm	进书	增加
售书	售书	OpenForm	售书	增加
供应商信息	供应商信息	OpenForm	供应商信息	增加
职工信息	职工信息	OpenForm	职工信息	增加

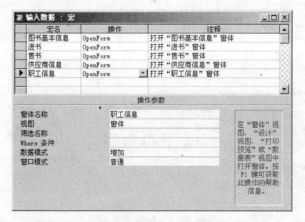

图 8.30 设计创建输入数据菜单选项的宏组

（5）保存宏组名称为"输入数据"。

（6）创建如图 8.31～图 8.33 所示的参数查询表。

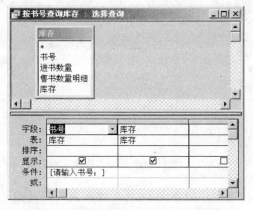

图 8.31　按书号查询库存的查询设计视图

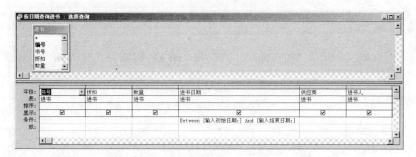

图 8.32　按日期查询进书的查询设计视图

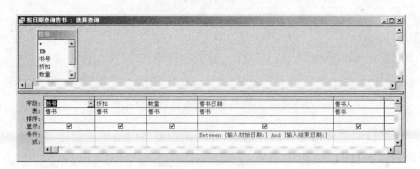

图 8.33　按日期查询售书的查询设计视图

（7）根据表 8.2，创建如图 8.34 所示的查询菜单选项的宏组。

表 8.2　创建"查询"菜单选项表

菜单选项	宏　名	操　作	窗体名称	数据模式
按书号查询库存	按书号查询库存	OpenQuery	按书号查询库存	只读
按日期查询进书	按日期查询进书	OpenQuery	按日期查询进书	只读
按日期查询售书	按日期查询售书	OpenQuery	按日期查询售书	只读

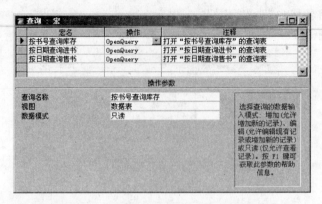

图 8.34 设计创建查询菜单选项的宏组

（8）创建按日期查询进书额的查询表，并在此查询表的基础上创建如图 8.35 所示的按日期查询销售额报表。

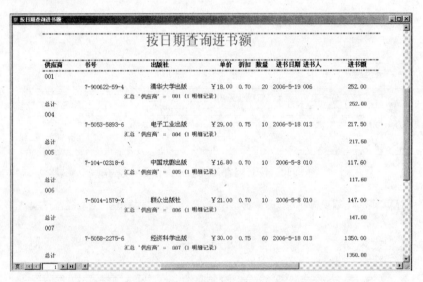

图 8.35 创建的按日期查询进书额报表

（9）创建按日期查询销售额的查询表，并在此查询表的基础上创建如图 8.36 所示的按日期查询销售额报表。

（10）根据表 8.3，创建如图 8.37 所示的打印报表菜单选项的宏组。

表 8.3 创建"打印报表"菜单选项表

菜单选项	宏 名	操 作	报表名称	视 图
按日期打印进书额报表	按日期打印进书额报表	OpenReport	按日期查询进书额报表	打印预览
按日期打印销售额报表	按日期打印销售额报表	OpenReport	按日期查询销售额报表	打印预览

【操作练习4】 创建一个名称为"管理数据库"的宏组。要求包括修改数据表的宏，如图 8.38 所示。

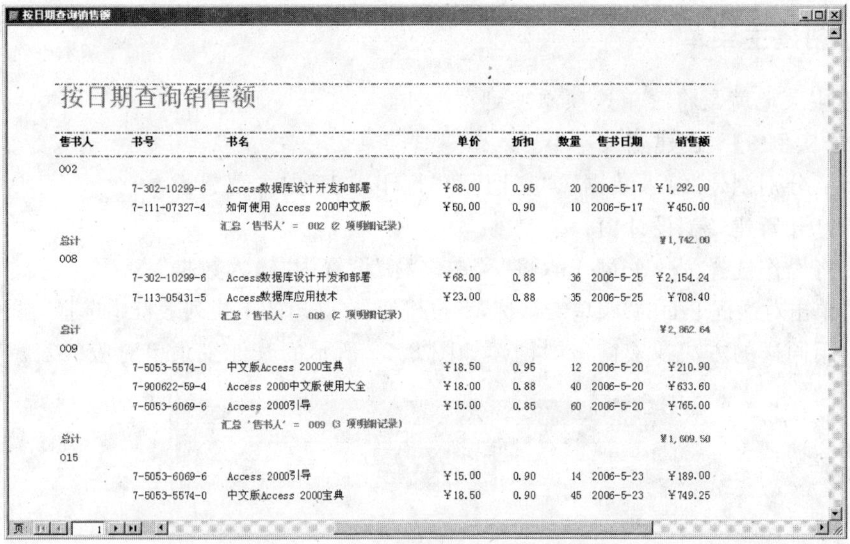

图 8.36　创建的按日期查询销售额报表

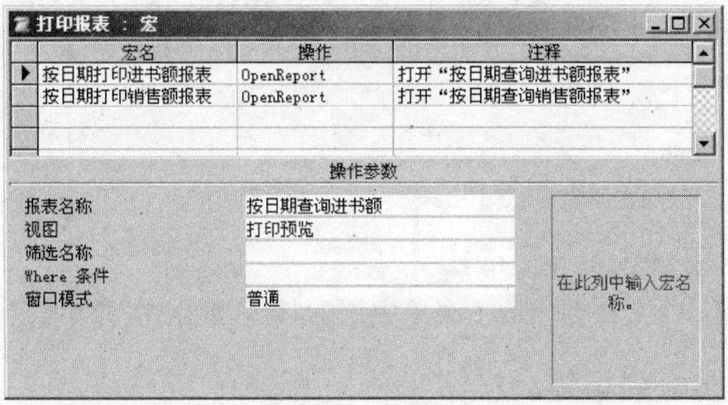

图 8.37　设计创建打印报表菜单选项的宏组

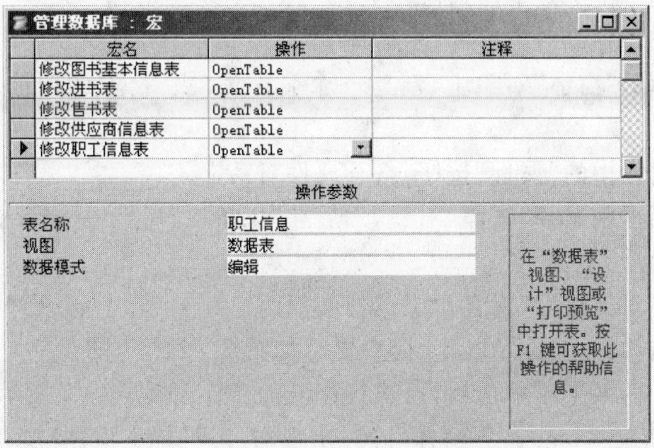

图 8.38　设计管理数据库的宏组

8.3.2 创建主菜单

创建主菜单就是将菜单选项添加到菜单中。

【操作实例5】 创建主菜单

目标： 分别创建"输入数据"、"查询"和"打印报表"的主菜单。

(1) 打开新建"宏"设计窗口。

(2) 将操作选择为 AddMenu，将"菜单名称"设置为"输入数据"。

(3) 单击对话框下面的"菜单宏名称"下拉按钮，在弹出的下拉列表框中选择"输入数据"。

(4) 用同样的方法在宏窗口中创建如图 8.39 所示的其他主菜单对应的宏。

图 8.39　设计主菜单

(5) 将设计的宏保存为"主菜单"。

【操作练习5】 在上面创建的主菜单中添加"管理数据库"菜单。

8.3.3　将菜单挂接到窗体

完成主菜单的创建后，还要将菜单挂到某个窗体上。

【操作实例6】 将主菜单挂到窗体上

目标： 将主菜单挂到数据库的"主窗体"上。

(1) 在数据库的"窗体"对象上，新建一个名称为"主窗体"的窗体，并插入如图 8.40 所示的标签。

(2) 单击工具栏中的"属性"按钮，打开属性对话框。

(3) 在该对话框中选择"窗体"对象，然后在"菜单栏"属性框中输入"主菜单"文本，如图 8.41 所示。

(4) 关闭属性对话框后，保存对主窗体的修改。

(5) 运行主窗体时，会在 Access 窗口显示如图 8.42 所示的菜单。

(6) 单击其中的某个菜单选项，可执行相应的操作，如图 8.43 所示。

上面创建的主菜单，是与"主窗体"同时出现的。只要"主窗体"没有关闭，则主菜单就显示。如果单击"主窗体"中的按钮或选择菜单中的某个菜单项操作时，主菜单将会消失同时恢复 Access 系统菜单。

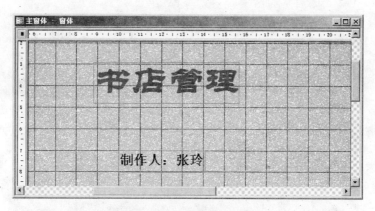

图 8.40 主窗体设计视图

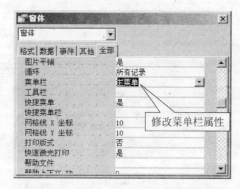

图 8.41 设计菜单栏属性

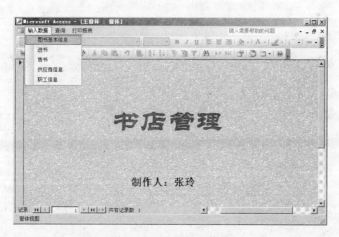

图 8.42 运行的主菜单

如果希望进入系统后,不再显示 Access 系统菜单而只显示用户创建的菜单,可单击"工具"→"启动"命令,在打开的"启动"对话框中,将"菜单栏"设置成用户创建的主菜单,如图 8.44 所示。

单击"确定"按钮,完成菜单栏的设置后,下次启动数据库时,会显示主菜单,如

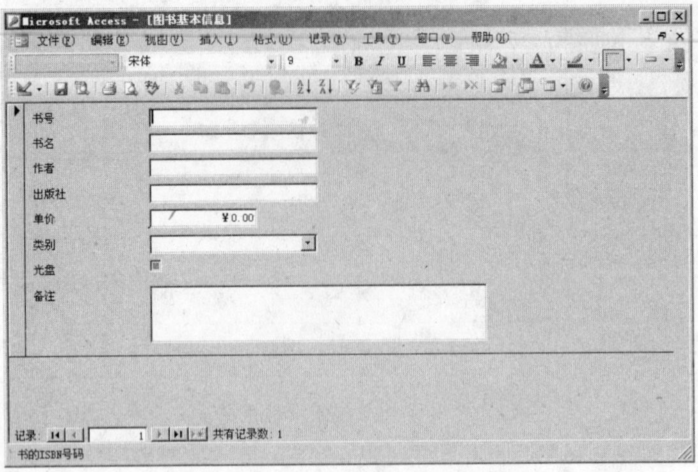

图 8.43　选择菜单选项的结果

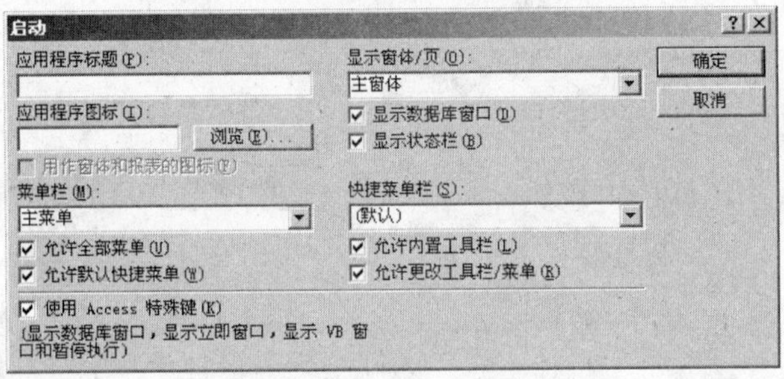

图 8.44　设置启动菜单栏

图 8.45 所示。

图 8.45　启动系统时显示设置的菜单栏

如果要取消在启动数据库时,显示用户创建的主菜单,可在数据库窗口的标题栏中右击鼠标,在弹出的快捷菜单中选择"启动"选项,如图 8.46 所示,打开"启动"对话框。

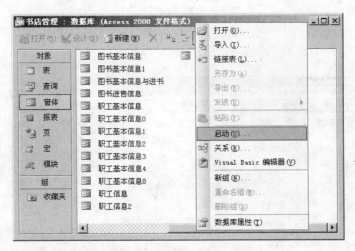

图 8.46　数据库标题栏的快捷菜单

在对话框的"菜单栏"下拉列表框中选择"默认"选项后,单击"确定"按钮,于是,下次启动数据库时,将显示系统菜单。

另外,即使定义了启动时的菜单栏为用户创建的主菜单和窗体,但是,在打开数据库时,如果按 Shift 键,可以直接进入数据库的窗口和菜单栏。

【操作练习 6】 创建"书店管理"数据库的启动窗体为"主窗体",菜单为"主菜单",如图 8.45 所示。

8.4　模块

8.4.1　模块的基本概念

模块充当了项目的基本构件,它是存储代码的容器,数据库中的所有对象都可以在模块中进行引用。利用模块可以创建自定义函数、子工程以及事件过程等,以便创建复杂的功能。使用模块可以代替宏,并可以执行标准宏所不能执行的功能。

在 Access 中模块可以分为两类:类模块和标准模块。

类模块是一种包含对象的模块,当创建一个新的事物时即在程序中创建一个新的对象。窗体和报表模块都属于类模块,而且它们各自与某一个窗体和报表相关联。窗体和报表模块通常都含有事件过程,用于相应窗体和报表中的事件,也可以在窗体和报表模块中创建新过程。

标准模块中含有常用的子过程和函数过程,以便在数据库的其他模块中进行调用。标准模块中通常只包含一些通用的过程和常用过程,并不与其他任何对象相关联。

8.4.2　将宏转换为模块

可以借助工具将创建的宏快速转换为模块。

【操作实例 7】 将宏转换为模块

目标：将前面创建的"输入数据"宏转换为模块。

（1）在"宏"对象窗口中，选中要转换的宏对象"输入数据"后，单击"工具"→"宏"→"将宏转换为 Visual Basic 代码"命令，如图 8.47 所示。

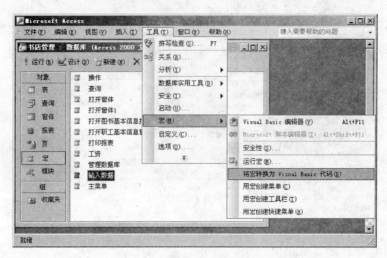

图 8.47　将宏转换为模块的菜单命令

（2）对弹出的如图 8.48 所示的提示框确认后，会打开如图 8.49 所示的 Microsoft Visual Basic 窗口。

（3）在 Microsoft Visual Basic 窗口的"工程"窗格中，双击模块下的"被转换的宏－输入数据"，可以在右侧的代码窗口中查看转换后的模块代码，如图 8.50 所示。

图 8.48　提示框

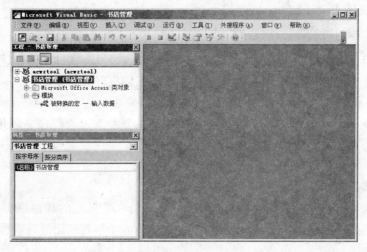

图 8.49　Microsoft Visual Basic 窗口

（4）回到数据库窗口的"模块"对象中，可以看到转换后的模块对象，如图 8.51 所示。

【操作练习 7】　将"管理数据库"宏转换为模块。

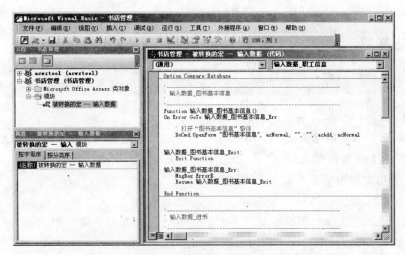

图 8.50　转换后的模块代码

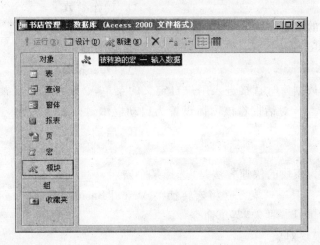

图 8.51　转换后的模块对象

8.5　练习题

8.5.1　填空题

1. 在 Access 中,宏可以_____完成一系列操作。

2. 在 Access 中,要创建宏组,必须在设计视图中添加_____列。

3. 在 Access 中,要创建为宏添加运行的条件,必须在设计视图中添加_____列。

4. 创建宏时,必须要选择_____和_____。

5. 添加菜单的操作是_____。

6. 要将创建的自定义菜单挂到数据库窗口上,必须在_____窗口中修改_____属性。

7. 模块分为_____和_____两类。

8.5.2 选择题

1. 在 Access 中,宏可以通过_____创建。
   A. 向导　　　　B. 设计视图　　　C. 透视表　　　　D. 运行视图
2. 在 Access 中,运行宏组时,可执行到_____。
   A. 第 1 个宏的结束处　　　　　B. 整个宏组中最后一个宏的结束处
   C. 第 2 个宏的结束处　　　　　D. 最后一个宏的结束开始处
3. 要引用宏组中的某个宏 1,可表达为_____。
   A. 宏组. 宏 1　　　　　　　　B. 宏组
   C. 宏 1　　　　　　　　　　　D. 以上都不正确
4. 在设计宏时,其中_____可以不添加内容。
   A. 宏名　　　　　　　　　　　B. 操作
   C. 注释　　　　　　　　　　　D. 操作参数
5. 打开窗体的宏操作为_____。
   A. OpenReport　　　　　　　　B. OpenTable
   C. OpenQuery　　　　　　　　D. OpenForm
6. 要在启动数据库时直接进入用户自定义的菜单,必须将自定义菜单添加到一个窗体上,并通过_____对话框将该窗体设置为启动窗体。
   A. 工具　　　　　　　　　　　B. 启动
   C. 选项　　　　　　　　　　　D. 宏
7. 将宏转换为模块的快速方法是,选择某个宏后,_____。
   A. 单击"工具"→"宏"→"将宏转换为 Visual Basic 代码"命令
   B. 单击"工具"→"宏"菜单命令
   C. 单击模块对象
   D. 在模块对象中单击"新建"按钮

8.5.3 操作题

1. 将前面创建的数据库用菜单组织起来。
2. 将创建的菜单挂在主窗体上。

职工基本信息表

职工编号	姓名	性别	出生日期	参加工作时间	基本工资	职务	联系电话	手机号码	照片	简历
1	范济	女	1975-4-15	2003-4-18	1,200.00	管理人员	4765	13610076893		
2	刘利	女	1978-6-11	2004-6-4	1,000.00	销售人员	8574	17564736251		
3	秦笑	男	1968-4-30	2000-10-12	1,900.00	总经理	3644	13808099999		
4	王新	女	1970-9-18	2003-5-8	1,500.00	项目经理	4454	13939489823		
5	周贡	男	1977-8-12	2000-8-12	1,200.00	管理人员	4765	13345432343		
6	孟存	男	1978-9-25	2001-5-19	1,600.00	采购人员	5665	13343254354		
7	吕宏	男	1966-5-5	2003-4-12	1,200.00	管理人员	4534	14543454345		
8	孙序	男	1970-12-29	2005-8-9	1,000.00	销售人员	4765	19234837454		
9	张善	女	1980-10-13	2005-3-23	1,000.00	销售人员	4676	12387766772		
10	刘阳	女	1983-11-24	2003-4-6	1,600.00	采购人员	5665	12783748732		
11	孙雪	女	1985-5-13	2004-7-9	1,200.00	管理人员	2933	12993847534		
12	王信玉	男	1970-9-11	2005-2-12	1,500.00	项目经理	3222	17837465743		
13	张刚	男	1968-4-15	2004-4-28	1,500.00	采购人员	3544	13384737748		
14	刘健	男	1978-9-18	2003-5-5	1,400.00	管理人员	4556	12944574837		
15	张光	男	1978-9-9	2004-9-1	1,300.00	销售人员	5667	12747874838		

附录B

图书基本信息表

书 号	书 名	作 者	出版社	单价	类别	光盘	备 注
7-104-02318-6	假如给我三天光明	夏志强编译	中国戏剧出版社	¥16.80	qt		海伦.凯特自传
7-111-07327-4	如何使用 Access 2000 中文版	郭亮	机械工业出版社	¥50.00	jsj		
7-113-05431-5	Access 数据库应用技术	李雁翎等	中国铁道出版社	¥23.00	jsj		谭浩强主编
7-302-03802-3	计算机基础知识与基本操作	张玲	清华大学出版社	¥19.50	jsj		谭浩强主编
7-302-10299-6	Access 数据库设计开发和部署	Peter Elie Semaan	清华大学出版社	¥68.00	jsj	√	天宏工作室译
7-50.14-1579-X	机动车驾驶员交通法规与相关知识教材	陈泽民	群众出版社	¥21.00	qt		
7-5053-5574-0	中文版 Access 2000 宝典	Cary N. Prague	电子工业出版社	¥18.50	jsj	√	
7-5053-5893-6	Access 2000 中文版实例与疑难解答	朱永春	电子工业出版社	¥29.00	jsj		
7-5053-6069-6	Access 2000 引导	郑小玲	电子工业出版社	¥15.00	jsj		
7-5058-2275-6	看图速成学 Access 2000	谭亦峰	经济科学出版社	¥30.00	jsj		谭浩强主编
7-5077-1942-1	轻松作文	李龙文	学苑出版社	¥39.80	qt		
7-5360-3359-1	昆虫记	梁守锵译	花城出版社	¥138.00	qt		共10卷
7-5407-3008-0	朱自清散文精选	朱自清	漓江出版社	¥9.90	qt		
7-81059-206-8	跟我学驾驶	武泽斌	中国人民公安大学出版社	¥32.00	qt		
7-900622-59-4	Access 2000 中文版使用大全	John Viescas	清华大学出版社	¥18.00	jsj	√	

附录C

供应商信息表

供应商ID	供应商名称	联系人姓名	地 址	邮政编码	电话号码	传真号码	附注
1	清华大学出版社	王育宏	北京双清路学研大厦A座5-7层	100084	010-62779669	010-62786544	
2	中国铁道出版社	黄勤	北京右安门西街8号	100054	010-63560056	010-83529867	
3	机械工业出版社	张寻	北京百万庄南街1号	100037	010-68995259	010-68995264	
4	电子工业出版社	李克强	北京万寿路173信箱	100036	010-88258888	010-88254397	
5	中国戏剧出版社	许丽丽	北京紫竹院路116号	100089	010-84002504	010-84002504	
6	群众出版社	辛酷	北京方庄芳星园3区15号楼	100034	010-86768095	010-86768095	
7	经济科学出版社	秦金	北京市海淀区阜成路甲28号新知大厦	100036	010-88190125	010-88191299	
8	学苑出版社	方会	北京市丰台区南方庄2号院1号楼	100079	010-67601101	010-67601101	
9	花城出版社	孟紫	广州环市东水荫路11号	510075	020-83796512	020-83796512	
10	漓江出版社北京出版中心	史响玉	北京市朝阳区建国路88号现代城6座1005室	100022	010-85893475	010-85893461	
11	中国人民公安大学出版社	徐信育	北京西城区木樨地南里甲一号	100038	010-63486364	010-63486364	

附录 D

进书表

编号	书　　号	折扣	数量	进书日期	供应商	进书人
1	7-111-07327-4	0.7	30	2006-4-7	003	010
2	7-302-10299-6	0.75	50	2006-4-7	001	010
3	7-5053-6069-6	0.65	100	2006-4-16	004	013
4	7-900622-59-4	0.68	80	2006-4-16	001	013
5	7-5053-5574-0	0.75	20	2006-4-18	004	010
6	7-111-07327-4	0.7	30	2006-4-23	003	013
7	7-302-03802-3	0.65	100	2006-4-23	001	013
8	7-5053-5574-0	0.7	80	2006-4-25	004	006
9	7-5053-6069-6	0.7	20	2006-4-25	004	006
10	7-113-05431-5	0.68	40	2006-4-25	002	006
11	7-302-10299-6	0.68	40	2006-4-25	001	006
12	7-5077-1942-1	0.7	20	2006-5-8	008	010
13	7-104-02318-6	0.7	10	2006-5-8	005	010
14	7-5014-1579-X	0.7	10	2006-5-8	006	010
15	7-5360-3359-1	0.68	30	2006-5-8	009	010
16	7-81059-206-8	0.7	15	2006-5-15	011	013
17	7-5053-5893-6	0.75	10	2006-5-18	004	013
18	7-5058-2275-6	0.75	60	2006-5-18	07	013
19	7-5407-3008-0	0.7	30	2006-5-18	010	013
20	7-900622-59-4	0.7	20	2006-5-19	001	006

附录E

售书表

编号	书　号	折扣	数量	售书日期	售书人
1	7-111-07327-4	0.9	10	2006-5-17	002
2	7-302-10299-6	0.95	20	2006-5-17	002
3	7-5053-6069-6	0.85	60	2006-5-20	009
4	7-900622-59-4	0.88	40	2006-5-20	009
5	7-5053-5574-0	0.95	12	2006-5-20	009
6	7-302-03802-3	0.85	60	2006-5-23	015
7	7-5053-5574-0	0.9	45	2006-5-23	015
8	7-5053-6069-6	0.9	14	2006-5-23	015
9	7-113-05431-5	0.88	35	2006-5-25	008
10	7-302-10299-6	0.88	36	2006-5-25	008
11	7-5077-1942-1	0.9	4	2006-6-11	002
12	7-104-02318-6	0.9	8	2006-6-11	002
13	7-5360-3359-1	0.88	20	2006-6-11	002
14	7-81059-206-8	0.9	7	2006-6-15	015
15	7-5053-5893-6	0.95	7	2006-6-15	015
16	7-302-10299-6	0.95	20	2006-6-17	002
17	7-302-03802-3	0.85	25	2006-6-17	002
18	7-5077-1942-1	0.9	10	2006-6-17	002
19	7-81059-206-8	0.9	3	2006-6-17	002
20	7-5053-5574-0	0.9	15	2006-6-23	015
21	7-900622-59-4	0.88	21	2006-6-23	015
22	7-5053-6069-6	0.85	20	2006-6-23	015
23	7-111-07327-4	0.9	10	2006-6-27	002
24	7-900622-59-4	0.88	17	2006-6-27	002

读者意见反馈

亲爱的读者：

感谢您一直以来对清华版计算机教材的支持和爱护。为了今后为您提供更优秀的教材，请您抽出宝贵的时间来填写下面的意见反馈表，以便我们更好地对本教材做进一步改进。同时如果您在使用本教材的过程中遇到了什么问题，或者有什么好的建议，也请您来信告诉我们。

地址：北京市海淀区双清路学研大厦 A 座 602 室　　计算机与信息分社营销室　收

邮编：100084　　　　　　　　　　电子邮件：jsjjc@tup.tsinghua.edu.cn

电话：010-62770175-4608/4409　　　邮购电话：010-62786544

教材名称：Access 数据库技术实训教程

ISBN：978-7-302-16463-0

个人资料

姓名：_____　年龄：_____　所在院校/专业：_____

文化程度：_____　通信地址：_____

联系电话：_____　电子信箱：_____

您使用本书是作为：□指定教材 □选用教材 □辅导教材 □自学教材

您对本书封面设计的满意度：

□很满意 □满意 □一般 □不满意　改进建议_____

您对本书印刷质量的满意度：

□很满意 □满意 □一般 □不满意　改进建议_____

您对本书的总体满意度：

从语言质量角度看 □很满意 □满意 □一般 □不满意

从科技含量角度看 □很满意 □满意 □一般 □不满意

本书最令您满意的是：

□指导明确 □内容充实 □讲解详尽 □实例丰富

您认为本书在哪些地方应进行修改？（可附页）

_____

_____

您希望本书在哪些方面进行改进？（可附页）

_____

_____

电子教案支持

敬爱的教师：

为了配合本课程的教学需要，本教材配有配套的电子教案（素材），有需求的教师可以与我们联系，我们将向使用本教材进行教学的教师免费赠送电子教案（素材），希望有助于教学活动的开展。相关信息请拨打电话 010-62776969 或发送电子邮件至 jsjjc@tup.tsinghua.edu.cn 咨询，也可以到清华大学出版社主页（http://www.tup.com.cn 或 http://www.tup.tsinghua.edu.cn）上查询。

高等院校计算机应用技术规划教材书目

应用型教材系列

计算机基础知识与基本操作（第三版）
QBASIC 语言程序设计
QBASIC 语言程序设计题解与上机指导
C 语言程序设计
C 语言程序设计题解与上机指导
C++程序设计
C++程序设计项目实践及例题解析
Visual Basic 程序设计（第二版）
Visual Basic 程序设计学习辅导（第二版）
Visual Basic 程序设计例题汇编
数据库应用技术（FoxPro）
Visual FoxPro 使用与开发技术（第二版）
Visual FoxPro 实验指导与习题集
Access 数据库技术与应用
Internet 应用教程（第二版）
计算机网络技术与应用
网络互连设备实用技术教程
网络管理基础（第二版）
电子商务概论（第二版）
电子商务实验
商务网站规划设计与管理
电子商务应用基础与实训
Java 语言程序设计（第二版）
Java 语言程序设计题解与上机指导
网页编程技术（第二版）
网页制作技术
实用数据结构
最新常用软件的使用——Office 2000
多媒体技术及应用
计算机辅助制图与设计
计算机辅助设计与应用
3ds max 动画制作技术（第二版）
计算机安全技术
计算机组成原理
计算机组成原理例题分析与习题解答
计算机组成原理实验指导
微机原理与接口技术
MCS—51 单片机应用教程
应用软件开发技术
Web 数据库设计与开发
平面广告设计
现代广告创意设计
网页设计与制作

图形图像制作技术
软件课程群组建设

实训教材系列

常用办公软件综合实训教程
C 程序设计实训教程
Visual Basic 程序设计实训教程
Access 数据库技术实训教程
SQL Server 2000 数据库实训教程
Windows 2000 网络系统实训教程
网页设计实训教程（第二版）
小型网站建设实训教程
微型计算机及小型网络系统的安装与维护实训
教程
网络技术实训教程
Web 应用系统设计与开发实训教程
图形图像制作实训教程

高职高专教材系列

Internet 技术与应用（第二版）
计算机办公软件实用教程——Office XP 中文版
C 语言程序设计实用教程
C++程序设计实用教程
Visual Basic 程序设计实用教程
Visual Basic.NET 程序设计实用教程
Java 语言实用教程
应用软件开发技术实用教程
数据结构实用教程
Visual FoxPro 使用与开发技术实用教程
Access 数据库技术实用教程
Access 及其应用系统开发
微机原理与接口技术实用教程
计算机组成原理实用教程
网站编程技术实用教程
网络管理基础实用教程
Internet 应用技术实用教程
Flash MX 动画制作实用教程
Dreamweaver 网页设计实用教程
多媒体应用技术实用教程
实用文书写作
软件工程实用教程
三维图形制作实用教程